AF249930

N° D'ORDRE
440.

THÈSES

PRÉSENTÉES

A LA FACULTÉ DES SCIENCES DE PARIS

POUR OBTENIR

LE GRADE DE DOCTEUR ÈS SCIENCES PHYSIQUES,

Par M. J. THOULET,

Préparateur au Collège de France.

1re THÈSE. — CONTRIBUTIONS A L'ÉTUDE DES PROPRIÉTÉS PHYSIQUES
ET CHIMIQUES DES MINÉRAUX MICROSCOPIQUES.

2e THÈSE. — PROPOSITIONS DONNÉES PAR LA FACULTÉ.

Soutenues le   mai 1880, devant la Commission d'Examen.

MM. DESAINS, *Président.*
SAINTE-CLAIRE DEVILLE, \
FRIEDEL, / *Examinateurs.*

PARIS.

GAUTHIER-VILLARS, IMPRIMEUR-LIBRAIRE
DE L'ÉCOLE POLYTECHNIQUE, DU BUREAU DES LONGITUDES,
SUCCESSEUR DE MALLET-BACHELIER,
Quai des Augustins, 55.

1880

THÈSES

PRÉSENTÉES

A LA FACULTÉ DES SCIENCES DE PARIS

POUR OBTENIR

LE GRADE DE DOCTEUR ÈS SCIENCES PHYSIQUES,

Par M. J. THOULET,

Préparateur au Collège de France.

1ʳᵉ **THÈSE**. — CONTRIBUTIONS A L'ÉTUDE DES PROPRIÉTÉS PHYSIQUES
ET CHIMIQUES DES MINÉRAUX MICROSCOPIQUES.

2ᵉ **THÈSE**. — PROPOSITIONS DONNÉES PAR LA FACULTÉ.

Soutenues le   mai 1880, devant la Commission d'Examen.

MM. DESAINS, *Président.*
SAINTE-CLAIRE DEVILLE, ⎱
FRIEDEL,   ⎰ *Examinateurs.*

PARIS,

GAUTHIER-VILLARS, IMPRIMEUR-LIBRAIRE
DE L'ÉCOLE POLYTECHNIQUE, DU BUREAU DES LONGITUDES,
SUCCESSEUR DE MALLET-BACHELIER,
Quai des Augustins, 55.

1880

ACADÉMIE DE PARIS.

FACULTÉ DES SCIENCES DE PARIS.

MM.

DOYEN..........................	MILNE EDWARDS, Professeur. Zoologie, Anatomie, Physiologie comparée.
PROFESSEURS HONORAIRES	DUMAS. PASTEUR.

PROFESSEURS...................

- CHASLES .... Géométrie supérieure.
- P. DESAINS................... Physique.
- LIOUVILLE.... .... Mécanique rationnelle.
- PUISEUX .... Astronomie.
- HÉBERT...... .... Géologie.
- DUCHARTRE............. Botanique.
- JAMIN................... Physique.
- SERRET................. Calcul différentiel et intégral.
- H. Ste-CLAIRE DEVILLE... Chimie.
- DE LACAZE-DUTHIERS.... Zoologie, Anatomie, Physiologie comparée.
- BERT...................... Physiologie.
- HERMITE.................. Algèbre supérieure.
- BRIOT.................... Calcul des probabilités, Physique mathématique.
- BOUQUET................ Mécanique physique et expérimentale.
- TROOST .... Chimie.
- WURTZ.................. Chimie organique.
- FRIEDEL................. Minéralogie.
- O. BONNET............. Astronomie.

AGRÉGÉS.......................

- BERTRAND..... .... } Sciences mathématiques.
- J. VIEILLE. ....
- PELIGOT............... Sciences physiques.

SECRÉTAIRE.................. PHILIPPON.

6144   Paris. — Imprimerie de GAUTHIER-VILLARS, successeur de MALLET-BACHELIER,
Quai des Augustins, 55.

A LA MÉMOIRE VÉNÉRÉE

DE MON PREMIER MAITRE,

Feu Charles SAINTE-CLAIRE DEVILLE,

MEMBRE DE L'INSTITUT,
PROFESSEUR AU COLLÈGE DE FRANCE,

ET

A M. F. FOUQUÉ,

PROFESSEUR AU COLLÈGE DE FRANCE,

Ce travail est respectueusement dédié.

J. THOULET.

PREMIÈRE THÈSE.

CONTRIBUTIONS

A L'ÉTUDE DES PROPRIÉTÉS PHYSIQUES ET CHIMIQUES

DES

MINÉRAUX MICROSCOPIQUES.

INTRODUCTION.

Depuis le jour où le microscope a été employé à étudier les corps appartenant au règne minéral, la science minéralogique a pris un nouvel essor. Les conquêtes scientifiques effectuées se rapportent aussi bien à la Minéralogie pure qu'à la Géologie, car si d'une part on a étudié les minéraux isolés et reconnu leurs propriétés physiques et chimiques, on a d'autre part examiné les roches éruptives ou sédimentaires, c'est-à-dire les associations minérales les plus communes, et obtenu ainsi de précieuses informations sur leur genèse.

La Minéralogie n'est, en définitive, qu'une application complexe des Mathématiques, de la Chimie et de la Physique. On se trouve donc aujourd'hui en face d'un problème de la plus haute importance, et qui consiste à pratiquer toutes les opérations physiques, chimiques et mathématiques sur des minéraux en fragments ou en grains très petits. C'est ce problème que j'ai cherché à résoudre dans quelques-unes de ses parties; j'ai essayé d'aider à la Géométrie microscopique par la mesure des angles solides

des cristaux microscopiques et par l'étude des angles plans
des clivages, à la Physique par de nouveaux procédés
relatifs à la prise des densités, à la détermination des
indices de réfraction, à la constatation de l'attraction
magnétique. Enfin, par une disposition permettant d'examiner au microscope des objets lointains, j'ai eu pour but
de faciliter certaines expériences de Physique et de Chimie
sur des fragments autrement inobservables, soit en raison
de leur opacité, soit pour d'autres causes. Telles sont les
idées qui m'ont guidé. Avant d'entreprendre des travaux
spéciaux, il m'a semblé qu'il fallait pouvoir expérimenter.
Pour cette raison, je n'ai jamais pris plus d'exemples et
fait plus d'essais qu'il n'était absolument nécessaire, afin
de prouver le degré d'exactitude et la mise en œuvre aisée
des méthodes que j'imaginais. Lorsque, malgré mes
efforts, je n'ai pu obtenir des résultats aussi exacts que je
les aurais espérés, je n'ai pas dissimulé ce que les procédés
laissaient à désirer, car il convenait d'éclairer, même par
un aveu d'impuissance, ceux qui aborderont à leur tour
ces problèmes.

Dans la nature, les minéraux sont rarement isolés, et
le plus souvent, lorsqu'ils sont en échantillons un peu
considérables, ils sont souillés par des substances étrangères.
Pour étudier un minéral particulier, il faut d'abord l'isoler
des autres minéraux qui l'accompagnent. Je décrirai en
premier lieu trois méthodes de triage, l'une basée sur le
poids spécifique au moyen d'une liqueur très dense au sein
de laquelle certains minéraux enfoncent, tandis que
d'autres surnagent, la deuxième fondée sur l'emploi d'un
courant d'eau, la troisième purement mécanique.

Les grains une fois obtenus, il faut mesurer leurs angles
solides s'ils présentent des facettes cristallines suffisamment
nettes, prendre leur densité ou examiner leurs caractères
optiques, et cette dernière opération s'exécutera le mieux
sur des lames minces.

Le diagnostic d'un minéral taillé se base surtout sur la direction de sa ligne d'extinction rapportée à une ligne cristallographique; il faut donc chercher à savoir la position occupée par une section pratiquée au hasard relativement aux axes du solide cristallographique et à ceux de l'ellipsoïde d'élasticité. On peut alors tirer d'utiles rénseignements de la connaissance des angles plans de clivage dans certaines zones.

L'étude des propriétés physiques m'a amené à examiner la fusibilité de quelques minéraux, leur densité avant et après fusion, et enfin l'action sous le barreau aimanté.

J'ai voulu pouvoir suivre une action chimique en train de s'effectuer, et, dans ce but, j'ai imaginé une disposition du microscope permettant d'examiner des objets à distance.

En dernier lieu, pour donner une application de ces diverses méthodes, j'ai pris l'exemple d'un fer chromé de Négrepont. Cet échantillon, quoique très impur, soumis à un triage soigneux, a laissé un résidu qui, analysé, a donné une formule extrêmement rapprochée de la formule type de cette espèce minérale.

I.

ISOLEMENT DES GRAINS.

1. *Triage par la liqueur d'iodures.* — Le poids spécifique de la plupart des minéraux essentiels des roches est compris entre 2,2 et 3. Il en résulte qu'on peut séparer ces minéraux les uns des autres en les plongeant dans des solutions sans action chimique sur eux et dont le poids spécifique est susceptible de varier entre les mêmes limites. Les solutions d'iodure de mercure dans l'iodure de potassium remplissent ces conditions. En effet, une solution saturée de ces sels à la température de 11° à 15° fournit un

liquide dont la densité atteint 2,77. On obtiendra donc des séries de liquides permettant de séparer le quartz d'avec les feldspaths, ceux-ci les uns des autres, et tous de les isoler d'avec les minéraux tels que le pyroxène, le mica, etc., qui possèdent une densité encore plus élevée. Les méthodes d'analyse immédiate employées jusqu'à présent avaient échoué devant le problème de la séparation des divers minéraux exempts de fer habituels dans les roches.

Pour opérer commodément, il est utile d'adopter les dispositions suivantes. L'appareil se compose d'un tube en verre gradué en centimètres cubes, cylindrique, d'un rayon de $0^m,12$ à $0^m,15$ et haut de $0^m,30$ environ. Ce tube se rétrécit à sa partie inférieure et se raccorde avec un tube plus petit, portant deux robinets séparés par un espace vide d'à peu près $1^{cc},5$, et auquel est soudé un autre tube coudé muni d'une boule et communiquant avec l'extérieur. L'appareil se bouche avec un bouchon en caoutchouc fermant hermétiquement et traversé par un tube ouvert à ses deux extrémités, et tout le système est supporté par un pied en bois; il est susceptible d'être élevé ou abaissé à volonté et est placé au-dessus d'un verre à précipité ou d'une capsule en verre.

La liqueur d'iodures se prépare très simplement en dissolvant dans l'eau, alternativement et jusqu'à refus, de l'iodure de potassium et de l'iodure de mercure rouge et cristallisé. Pour être bien certain d'obtenir le maximum de densité, il est bon de laisser reposer pendant une journée la liqueur après l'avoir préparée; il s'y forme de longues aiguilles cristallines incolores d'iodure double, et l'on décante ou l'on filtre alors la partie restée liquide et qui offre une limpidité parfaite, un grand pouvoir réfringent et la nuance de l'huile d'olives. Un fragment de quartz hyalin abandonné dans le flacon montre, par la position qu'il occupe au sein du liquide, si la densité est suffisamment élevée pour permettre le triage.

Cette liqueur offre l'avantage, quand on l'étend d'eau et que par conséquent on diminue sa densité, de ne point éprouver de contraction de volume pratiquement appré-

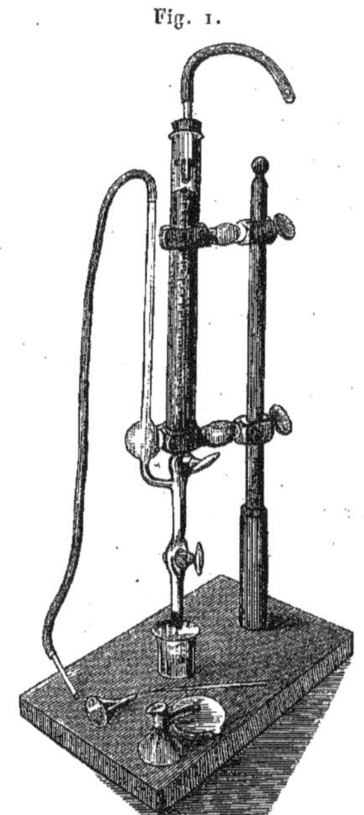

Fig. 1.

ciable. En effet, en appelant V un certain volume de cette liqueur ayant une densité D, si l'on y ajoute un volume V' d'eau ayant pour densité l'unité, Δ représentant la densité finale du mélange, on aura l'équation

$$(V + V')\,\Delta = VD + V',$$

en supposant qu'il n'y ait pas de contraction, et l'on pourra en déduire

$$(1) \qquad \Delta = \frac{VD + V'}{V + V'}$$

et

(2) $$V' = \frac{V(D - \Delta)}{\Delta - 1}.$$

Or, une série d'expériences directes où la densité a varié entre des limites différant de 0,15 a permis de constater qu'entre les densités calculée et réelle la différence n'atteint jamais que le troisième chiffre après la virgule, ce qui est insignifiant.

On commence par préparer un certain nombre de flacons renfermant la liqueur à des degrés de concentration connus et ne différant que peu les uns des autres. Pour analyser une roche, on la pulvérise en grains assez fins pour que leur examen à l'aide d'une forte loupe montre que chacun d'eux présente une composition minéralogique bien homogène. Les essais se prolongent pendant un temps plus considérable avec une poudre très fine, mais ils réussissent aussi bien, à la condition toutefois de n'opérer que par petites portions, afin d'éviter d'engorger le tube. On choisit alors parmi les grains quelques fragments types et on les place à l'intérieur d'un tube de verre largement ouvert à l'une de ses extrémités, mais n'ayant à son autre extrémité qu'un trou très fin qui permet l'accès d'un liquide dans le tube, mais empêche la sortie des grains. On plonge le tube dans les solutions titrées, et l'on se rend compte, en observant s'ils surnagent ou tombent au fond, de la densité respective des minéraux. Cette évaluation rapide du poids spécifique, s'exécutant sur chaque roche, a pour but d'obvier à cet inconvénient que le poids spécifique d'un même minéral varie entre certaines limites dans des gisements différents et selon le degré d'impureté, de sorte qu'il est tel cas, par exemple, où l'action est plus dense que le quartz, tandis que dans d'autres le caractère est inverse.

Le poids spécifique des divers minéraux composants étant connu, on pèsera une certaine quantité (1^{gr} à 2^{gr}) de la roche pulvérisée et on la laissera tomber au sein de la

liqueur, dont un volume connu (60^{cc} par exemple) aura
été préalablement versé dans le gros tube ; on fera le vide
dans l'appareil à l'aide du petit tube supérieur en caoutchouc, mis en communication avec une machine pneumatique, de manière à chasser les bulles d'air adhérentes. Les
minéraux les plus lourds ne tarderont pas à descendre, et,
quand ils seront réunis au fond, on les soutirera en tournant le robinet. La formule (2) permettra de calculer le
volume V′ d'eau à ajouter à la liqueur type pour la ramener
à une densité Δ capable de laisser tomber un élément de
la roche à l'exclusion des autres ; on ajoutera ce volume
d'eau ; en insufflant de l'air par le tube coudé latéral, sur
lequel on adapte aussi un tube de caoutchouc, on mélangera
intimement les deux liquides, et l'on procédera ainsi par
additions successives d'eau distillée et par soutirages à la
séparation qualitative et quantitative de tous les éléments
de la roche. A chaque opération, on pourra, en aspirant
avec précaution par le tube latéral, faire remonter le
liquide déjà écoulé dans le petit verre servant de récipient,
laver ainsi l'espace compris entre les deux robinets et en
détacher les parcelles minérales adhérentes. Les diverses
fractions de la liqueur seront réunies et n'auront besoin
que d'être évaporées pour être ramenées à leur densité
primitive et être utilisées de nouveau.

Si l'on doit séparer un minéral léger et en petite quantité d'un minéral très dense et en grande proportion, il
peut se faire que ce dernier entraîne mécaniquement des
grains légers et que, le dépôt se faisant très rapidement au
fond de l'appareil, ceux-ci soient recouverts et retenus dans
leur mouvement ascensionnel. Il y aura lieu, dans ce cas,
de ne procéder que par petites quantités à la fois ; mais il
est plus simple de se servir d'un appareil spécial. Cet
appareil se compose d'un petit flacon à large fond, ce qui
permet au minéral lourd de s'étaler et de ne point s'en-
tasser ; on remplit de liqueur jusqu'à un niveau un peu

inférieur à celui d'un tube latéral servant de dégorgeoir ;
le corps léger remonte, à cause de sa faible pesanteur
spécifique, et, aussitôt qu'il est bien rassemblé dans la
partie rétrécie du flacon, on fait pénétrer au sein de la
liqueur, en ayant soin de ne point produire de courant
violent, la pointe effilée d'une pipette remplie de liqueur
d'iodures à la même densité. Le niveau s'exhausse et le
liquide se déverse en entraînant avec lui le corps léger
dans une capsule où on le recueille après l'avoir bien lavé
à l'eau chaude.

Dans un Recueil publié à l'époque où je me livrais à ces
recherches (*Mineralogical Magazine,* novembre 1877),
M. Church avait indiqué un procédé de ce genre comme
susceptible de s'appliquer à la séparation d'un grand
nombre de minéraux. Le but principal de l'auteur semble
avoir été la distinction des pierres employées en joaillerie,
tandis que mes recherches, basées sur la non-contraction
sensible d'un mélange d'eau et de liqueur, ont pour objet
la séparation méthodique des minéraux intégrants des
roches par la modification progressive, continue et rigou-
reuse de la densité d'une même liqueur type au sein de
laquelle ils sont contenus. L'appareil de M. Church, tant
par ses dispositions générales que par son manque de
graduation, se prêterait difficilement à un triage exact,
même qualitatif.

2. *Triage par l'eau.* — On peut se servir d'un courant
d'eau pour exécuter certains triages. On fait usage, dans
ce but, d'un appareil composé d'un tube large, haut de
$0^m,25$ environ, muni dans le haut d'un tube soudé latéra-
lement et dans le bas d'un robinet. Ce gros tube contient
dans son intérieur un tube plus petit assujetti par un
bouchon en caoutchouc et s'élevant à une certaine hauteur.
On peut d'ailleurs augmenter à volonté cette hauteur en
employant un nouveau tube raccordé au premier par
l'intermédiaire d'un tube en caoutchouc.

On opère de deux façons avec cet appareil :

1° Si l'on a affaire à une petite quantité de minéral lourd mélangée à une grande quantité de terre, d'argile ou de toute autre substance légère, on dépose la matière au fond du tube et l'on fait arriver l'eau de haut en bas dans le tube central. Cette eau s'écoule, remonte dans le gros tube en entraînant le corps léger et se déverse par le tube latéral dans un verre à précipité, où on la laisse déposer ce qu'elle tient en suspension. Il suffit de régler convenablement, ce qui n'offre aucune difficulté, la vitesse du courant d'eau, pour que les parties lourdes ne soient point entraînées.

2° Si l'on a à séparer les uns des autres divers minéraux de poids spécifiques peu différents, on amène au contraire l'eau par le tube latéral. Cette eau commence par refouler la poudre minérale dans le tube central, et elle la pousse de bas en haut à une hauteur qui dépend à la fois du poids spécifique respectif de chaque minéral, de la forme plate ou arrondie du grain de sa poussière, et enfin de la vitesse du courant. On laisse ce triage s'effectuer pendant quelque temps, et en réglant l'arrivée de l'eau on évitera de perdre la moindre parcelle pierreuse. L'eau sortie du tube intérieur suit un tube en caoutchouc et va encore se déverser dans un récipient quelconque. Dès qu'on juge l'opération terminée, on arrête doucement le courant d'eau ; les minéraux retombent et se superposent régulièrement, de sorte qu'il ne reste plus qu'à faire traverser le robinet à chaque fraction de la poudre et à la recueillir.

Ce mode de triage ne possède évidemment pas la rigueur du procédé par la liqueur d'iodures, et il ne permettrait qu'une évaluation approximative des proportions relatives des divers éléments minéralogiques d'une roche ; cependant il est susceptible de rendre des services dans le cas où l'on aurait à isoler certains minéraux, afin d'en prendre une quantité suffisante pour une analyse chimique. Quelques précautions sont à recommander dans son emploi.

Il convient d'abord de réduire autant que possible la roche en grains à peu près égaux. On y parvient en faisant passer la poudre à travers deux ou trois tamis à mailles différemment espacées et en faisant ainsi trois fractions de ce produit, sur chacune desquelles on opère séparément.

On obtient en général de meilleurs résultats à l'aide d'un faible courant agissant pendant longtemps qu'avec un fort courant agissant en quelque sorte avec brutalité et exigeant une hauteur considérable du tube trieur.

Il est avantageux de se servir d'un tube intérieur aussi fin que possible, sans que pourtant celui-ci puisse se laisser engorger par la poudre minérale ; on obtiendra ainsi une colonne plus haute et dont les produits fractionnés à l'aide du robinet seront d'autant plus purs. Dans certains cas on raccordera à ce tube un ou plusieurs autres tubes très longs et inclinés, ou, ce qui revient au même, un tube coudé plusieurs fois et faisant l'effet d'un serpentin dont l'inclinaison retarde la chute de certaines poussières. La flexibilité du bouchon supérieur en caoutchouc permet de faire subir au tube trieur de légers mouvements, commodes soit pour aller chercher au fond quelques grains non entraînés, soit pour placer l'orifice inférieur exactement au-dessus du robinet et faciliter la sortie des poudres.

Ce mode de séparation s'applique aux minéraux qui tombent au fond de la liqueur d'iodures à son maximum de concentration. La forme spéciale des lamelles de mica, qui offrent beaucoup de prise au courant et sont par conséquent entraînées très loin, permet de séparer celles-ci d'une façon remarquablement nette.

3. *Triage mécanique.* — Cette dernière méthode de triage s'applique dans deux cas : elle sert soit pour achever la purification des grains isolés par l'un ou l'autre des deux modes de triage précédents en supprimant les grains

impurs ou de nature étrangère à ceux qu'on désire spécialement recueillir, soit à la séparation des minéraux lourds
et dont les densités respectives sont très rapprochées.

L'appareil se compose d'un tube cylindrique en métal,
de $0^m,04$ à $0^m,05$ de longueur, auquel on adapte une
embouchure effilée et percée d'un très petit trou, analogue au petit tube d'un chalumeau. Ce tube est en
communication, par un tube en caoutchouc raccordé à un
tube de verre, avec un flacon en verre servant de récipient
et qui lui-même communique, par un autre tube en
caoutchouc, avec un second flacon en verre dont le bouchon
laisse passer un dernier tube coudé en verre qu'on place
entre les lèvres. En aspirant légèrement, on exerce un
appel d'air qui pénètre par la pointe effilée et entraîne
les grains qui avoisinent cette pointe.

Pour trier mécaniquement une poudre, on l'éparpille

Fig. 2.

sur une plaque de verre dépoli, sous laquelle on place une
feuille de papier blanc si l'on veut isoler des grains colorés,
ou une feuille de papier noir si l'on désire séparer des
grains blancs, et, en approchant la pointe de l'ajutage tenue
à la main, on aspire chaque grain dans le récipient. Le
second flacon sert à empêcher les poussières d'être entraînées dans la bouche ainsi qu'à condenser l'humidité de
l'haleine.

Cet appareil permet d'opérer le triage sous le microscope
On dépose la poudre minérale sur une lamelle de verre

portant une rainure longitudinale où les grains viennent
se déposer en ligne ; on fixe solidement l'ajutage à la
colonne du microscope, de façon que son extrémité
effilée soit tout proche des grains, et l'on fait passer lente-
ment devant elle la lamelle en aspirant les grains que l'on
veut recueillir et que l'on voit passer dans le champ du
microscope. On peut opérer ainsi en lumière polarisée, ce
qui est souvent très avantageux.

APPLICATIONS.

Comme applications des divers procédés de triage décrits
ci-dessus, nous allons donner l'analyse immédiate d'un
granite de Vire, celle d'un sable grenatifère de la côte de
Bretagne, et enfin la séparation de deux éléments de composition feldspathique et très voisine contenus dans une
roche de Santorin.

Granite de Vire. — Un fragment a été pulvérisé dans
un mortier d'acier, et la poussière a été partagée en trois
portions à l'aide d'un tamisage à travers trois tamis à
mailles de $0^{mm},75$, $0^{mm},50$ et $0^{mm},17$ environ. Les grains de
la première catégorie, examinés à la loupe, ont été reconnus
comme offrant trop de grains de composition minéralogique complexe ; pour ce motif, ils ont été pulvérisés de
nouveau et passés aux deux autres tamis. Les grains
moyens et les grains fins, observés avec un grossissement
suffisant, montrant une composition minéralogique homogène, au moins pour l'immense majorité d'entre eux, ont
alors été soumis à l'action de la liqueur d'iodures. Le
mica tombait dans la liqueur à son maximum de concentration ; pour séparer le feldspath et le quartz, on a
étendu suffisamment la liqueur pour que celle-ci laissât
flotter le feldspath seul ; on s'est, dans ce but, servi de petits
témoins manifestement quartzeux ou feldspathiques et
détachés de la roche. Après séparation du quartz, on a

traité cette silice par de l'acide fluorhydrique qui n'a pas
laissé de résidu appréciable. Aucune portion de la roche
n'a été perdue, de sorte qu'on peut considérer les chiffres
des pesées comme fournissant la composition immédiate
quantitative de cet échantillon de granite.

I, grains traversant le tamis à mailles de $0^{mm},75$, mais
arrêtés par le tamis à mailles de $0^{mm},50$.

II, grains traversant le tamis à mailles de $0^{mm},50$, mais
arrêtés par le tamis à mailles de $0^{mm},17$.

III, grains traversant le tamis à mailles de 0,17.

	Mica.	Quartz.	Feldspath.	Poids.
I......	598	1547	842	2987
II.....	923	2268	1498	4689
III	304	1262	758	2324
Total..	1825	5077	3098	10000

Si nous calculons les quantités pour 1000 de chaque
minéral contenues dans chacun des trois produits I, II et
III, nous arrivons au Tableau suivant :

	I.	II.	III.
Mica.......	200	197	131
Quartz.....	518	483	543
Feldspath....	282	320	326

Ces chiffres montrent que, en pulvérisant une roche et en
la fractionnant par des tamisages successifs, la proportion
de mica diminue dans les portions plus finement pulvérisées, tandis qu'au contraire la proportion de feldspath
augmente.

Sable de Houat (Bretagne). — Ce sable a été traité
par la liqueur d'iodures à différents degrés de concentration, pour séparer successivement les gemmes, le carbonate
de chaux à l'état de coquilles et enfin le quartz ; le fer
oxydulé a été isolé à l'aide du barreau aimanté. Les

gemmes sont constituées par du grenat, un peu de corindon
et d'oxyde d'étain et du fer titané. Le triage a été effectué
sans perdre aucune partie, de sorte que ce dosage peut être
considéré comme quantitatif.

I, refusé au tamis à mailles de $0^{mm},75$.

II, refusé au tamis à mailles de $0^{mm},50$.

III, refusé au tamis à mailles de $0^{mm},17$.

IV, traversant le tamis à mailles de $0^{mm},17$.

A, portion flottant dans la liqueur d'iodures à son maximum
de concentration.

B, portion tombant dans cette même liqueur.

```
I.    A...α  Carbonate de chaux ...................... 66,2  } 303,4 }
             Quartz ............................... 237,2  }       } 509,9
      B...   β. Galène .............................. 1,5   } 206,5 }
             γ. Gemmes ........................... 205,0  }       }

II.   A...   1. Coquilles blanches .  Carbonate.  49,7  } ... 53,4   }
                                      a. Quartz..   3,7  }          }
             2. Coquilles rouges et  Carbonate.  25,8  } ... 47,1  } 292,1 }
                quartz ............   b. Quartz..  21,3  }          }      } 1962,7
             3. Quartz ..........    Carbonate.  12,0  } ... 186,5 }      }
                                     c. Quartz.. 174,5  }          }      }
             4. Coquilles entières et fragments poreux ....... 5,1  }      }
      B...   5. Gemmes ......................................... 1670,6 }

III.  A...   1. Carbonate ........   Carbonate.  52,2  } ... 56,4   }
                                     a. Quartz..   4,2  }          } 366,3 }
             2. Quartz ..........    Carbonate.  46,4  } ... 309,9 }      } 7496,6
                                     b. Quartz.. 263,5  }          }      }
      B...   3. Fer oxydulé ............................. 25,4   }        }
             4. Gemmes ................................ 7105,2  } 7130,6 }

IV.   A...   1. Carbonate et quartz ......................... 8,2  }        }
      B...   2. Fer oxydulé ............................. 5,6  } 22,3 } 20,5
             3. Gemmes ............................... 16,7  }        }
```

En définitive, ce sable, pris en bloc, contient les proportions suivantes :

```
Gemmes ............... 8997,5 }
Quartz ............... 704,4  }
Carbonate de chaux ... 252,3  } 10000,0
Fer oxydulé .......... 31,0   }
Divers ............... 14,8   }
```

Andésite amphibolique du cap Acrotiri, à Santorin. — M. Fouqué ([1]), en employant la solution de biiodure de mercure dans l'iodure de potassium, a pu séparer nettement et à un état de pureté complète les différents éléments minéralogiques d'une andésite amphibolique du cap Acrotiri, à Santorin. Cette roche est composée d'un feldspath et de sphérolithes de couleur rosée. Le feldspath extrait, d'un poids spécifique de 2,618, offre à l'analyse la composition suivante :

		Quantité d'oxygène.	
Silice......................	59,4	31,7	
Alumine...................	27,4	12,6	
Chaux.....................	5,7	1,6	
Magnésie..................	1,4	0,5	} 3,6
Soude.....................	5,9	1,5	
Potasse...................	0,2	0,0	
	100,0		

Les propriétés optiques de ces grains montrent qu'ils sont constitués par un mélange où le labrador domine et dont les autres éléments sont la sanidine et l'oligoclase.

Les sphérolithes, de poids spécifique égal à 2,456, ont la composition suivante, entièrement différente de celle du feldspath de la roche :

Silice	75,9
Alumine.............	14,5
Sesquioxyde de fer....	0,5
Chaux	1,3
Magnésie	0,7
Soude...............	6,2
Potasse.............	0,9
	100,0

([1]) *Santorin et ses éruptions*, par F. Fouqué, professeur au Collège de France (Masson; Paris, 1879), p. 366-368.

  J. THOULET.

II.

OBSERVATION DES GRAINS.

1. *Mesure des angles solides des cristaux microscopiques.* — Il est possible de mesurer au microscope les angles solides de cristaux extrêmement petits dont les dimensions atteignent à peine quelques centièmes de millimètre. On parvient à ce résultat en opérant de la manière suivante.

On commence par adapter à la tête de la vis servant à régler le mouvement lent du microscope un disque divisé en un nombre quelconque de parties égales, cinq cents par exemple, et l'on mesure à quel déplacement vertical correspond une fraction de tour déterminée par le passage en face d'un repère fixe de l'une des divisions du disque. Ce principe, bien connu d'ailleurs et très fréquemment employé dans les instruments de Physique, est celui de la vis micrométrique. La détermination se fait en mesurant directement le déplacement vertical de la tige du microscope sur la colonne qui la supporte pour un certain nombre, le plus grand possible, de tours complets de la tête de vis, et en prenant ensuite comme diviseur de ce nombre de millimètres le produit du nombre de tours de la tête du disque par le nombre de divisions porté par cette tête. Ce travail se fait une fois pour toutes et sert dans les opérations subséquentes. On dépose les cristaux sur une lame de verre sans s'astreindre à leur donner telle ou telle position particulière ni s'inquiéter de l'inclinaison prise par l'arête à mesurer, car il suffit que cette arête soit visible. S'il s'agit de cristaux déposés par évaporation, on se borne à placer une goutte de la solution mère sur un verre et à la laisser se dessécher dans le vide de la machine pneumatique, sous une cloche contenant du chlorure de calcium ou enfin à l'air libre. Si l'on veut examiner certains enduits cristallins qui tapissent l'intérieur de druses, on grattera le minéral avec une aiguille et on laissera tomber la poussière obtenue sur la lame de verre. Le cristal choisi et placé au centre du champ, on en met successivement au point quatre points observés avec le grossissement convenable, deux d'entre eux étant placés sur l'arête à mesurer et les deux autres situés respectivement, d'une façon d'ailleurs absolument quelconque, sur l'une et l'autre face du dièdre à mesurer. On note le nombre de divisions du disque qui, pour chaque mise au point, ont passé devant l'index immobile fixé au corps du microscope, et l'on réduit ces nombres en millimètres et fractions de millimètre. Sans toucher alors à la préparation, on remplace l'oculaire par une chambre claire (la plus commode est celle du modèle Vérick), et l'on projette l'image du cristal sur une feuille de papier où l'on marque avec la plus grande rigueur, par une piqûre d'aiguille, la position des quatre points choisis. On retire la préparation et on la remplace par un micromètre-objectif dont on projette les divisions sur la même feuille de papier demeurée immobile; on note le grossissement obtenu, c'est-à-dire l'échelle du dessin. Enfin, au double décimètre, on mesure et on réduit encore en millimètres toutes les distances qui séparent les quatre points les uns des autres. On possède maintenant toutes les données nécessaires à la solution du problème.

En effet, les quatre points constituent les quatre sommets d'un tétraèdre dont une arête est précisément celle de l'angle solide cherché. Or on connaît, par la mesure directe du dessin à la chambre claire, la projection du tétraèdre sur le plan horizontal et, par les cotes respectives des quatre sommets, la projection de ce même tétraèdre sur le plan vertical. On pourrait donc, si on le jugeait convenable, traiter la question par la Géométrie descriptive et arriver au résultat cherché au moyen d'une construction graphique. Il est cependant préférable de procéder par le calcul. Pour

3

cela, on cherche l'hypoténuse des trois triangles rectangles
donnant les vraies grandeurs des côtés du tétraèdre. Il y a
avantage, pour cette partie du problème, à opérer graphiquement et à mesurer directement sur une feuille de papier
l'hypoténuse du triangle rectangle dont les côtés de l'angle
droit sont la différence des cotes verticales et la projection
horizontale. On calcule alors l'angle au sommet de chacun
des trois triangles se réunissant au sommet du tétraèdre et
dont l'opération précédente a fourni la valeur des trois
côtés. Chacun de ces angles constitue un côté d'un triangle
sphérique dont on peut obtenir un ou plusieurs angles
correspondant précisément à l'angle dièdre ou aux angles
dièdres cherchés. Il est évident qu'en prenant sur un même
cristal et d'une même visée plusieurs points, si ces points
sont les sommets de ce cristal, on obtiendra par une seule
et même opération les angles solides de plusieurs facettes
cristallines.

La difficulté de ce procédé est de saisir nettement le
moment de la mise au point; mais il suffit d'un peu de
pratique pour mener à bien cette opération. On aura soin
d'éclairer le plus possible les deux faces de l'angle, et l'on y
parviendra en tournant la préparation avec les doigts ou
avec la plaque tournante du microscope jusqu'à ce qu'on
aperçoive l'arête en face de soi, ce qui indique, par suite
du renversement des images produit par l'instrument, que
l'arête fait en réalité face à la lumière. On emploie les
forts grossissements pour obtenir plus d'exactitude dans
les mises au point; mais alors il devient malaisé de se rendre
compte de la disposition générale du cristal au milieu de
cette succession de plans se remplaçant rapidement les uns
les autres sous le regard. C'est pourquoi on commencera
par employer de faibles grossissements, afin de bien connaître le cristal, tandis que les forts objectifs seront réservés
pour les mesures. Un microscope binoculaire rendra dans
ce cas d'excellents services. Un dernier genre d'erreur

consiste à mettre au point une arête ou un point vu par
transparence à travers le cristal ; on obtient alors une
valeur inexacte de l'angle, puisque dans ce cas la distance
focale, qui, par vue directe, n'est influencée que par la
distance de l'instrument au cristal, c'est-à-dire par ce que
nous avons déjà appelé *cote du cristal,* deviendrait, dans
une vision par transparence, fonction de l'indice de réfraction de la substance. Ce déplacement de la distance focale
a donné lieu au procédé de détermination des indices de
réfraction des corps transparents en lames minces connu
sous le nom du duc de Chaulnes. On évitera cette erreur
en évaluant la hauteur relative des diverses faces ou arêtes
par une étude soigneuse à de faibles grossissements ou au
microscope binoculaire, et même par un tracé graphique
approximatif de la coupe du cristal.

M. le Dr Wertheim a donné un procédé analogue pour
la mesure des angles solides des cristaux microscopiques
dans un travail dont nous n'avons eu connaissance qu'après
la publication de la Note insérée au *Bulletin de la Société
minéralogique de France,* t. I, p. 68, juillet 1878). Ce travail porte la date du 16 janvier 1862 et est intitulé *Ueber
eine am Zusammengesetzten Mikroskope angebrachte
Verrichtung zum Zwecke der Messung in der Tieferich-
tung und eine hierauf gegrundete neue Methode der Kry-
stall bestimmung ;* il a paru probablement dans les *Comptes
rendus de l'Académie des Sciences* de Vienne. Le procédé du Dr Wertheim est essentiellement le même que
celui qui vient d'être décrit, et il consiste en une mise au
point successive de quatre points situés deux sur l'arête à
mesurer et deux respectivement sur l'une et l'autre face du
dièdre. Il y a cependant une différence notable dans la
façon d'obtenir la projection horizontale de l'angle.
M. Wertheim fait successivement passer au point de croi-
sement d'un réticule chacune des droites joignant entre
eux les points choisis et mesure le déplacement à l'aide

d'une seconde vis micrométrique adaptée au porte-objet du microscope. Nous nous bornons au contraire, sans changer en rien la position d'ailleurs absolument quelconque du cristal, à prendre un dessin à la chambre claire. Ce procédé permet de supprimer une vis à tête divisée et évite les difficultés et les chances d'erreur dues à l'installation des droites, à leur passage sous les fils croisés, et enfin à leur mesure micrométrique ; il offre donc, au point de vue de la simplicité, un avantage d'autant plus à considérer qu'il s'agit de mesures ne dépassant pas quelques millièmes de millimètre.

Nous donnerons les formules dont M. Wertheim se sert pour trouver l'angle solide d'un cristal et pour se rendre compte de l'erreur commise dans ses évaluations ; elles s'appliquent du reste entièrement au procédé que nous avons décrit plus haut.

Soient a, b, c trois points situés dans un même plan et (x_1, y_1, z_1), (x_2, y_2, z_2), (x_3, y_3, z_3) leurs coordonnées ; l'équation du plan passant par ces trois points sera

$$A x + B y + C z = D,$$

dans laquelle

$$A = y_1 (z_2 - z_3) + y_2 (z_3 - z_1) + y_3 (z_1 - z_2),$$
$$B = z_1 (x_2 - x_3) + z_2 (x_3 - x_1) + z_3 (x_1 - x_2),$$
$$C = x_1 (y_2 - y_3) + x_2 (y_3 - y_1) + x_3 (y_1 - y_2).$$

De même, l'équation du plan passant par les trois points d, e, f dont les coordonnées sont (x_4, y_4, z_4), (x_5, y_5, z_5), (x_6, y_6, z_6), sera

$$A' x + B' y + C' z = D',$$

où

$$A' = y_4 (z_5 - z_6) + y_5 (z_6 - z_4) + y_6 (z_4 - z_5),$$
$$B' = z_4 (x_5 - x_6) + z_5 (x_6 - x_4) + z_6 (x_4 - x_5),$$
$$C' = x_4 (y_5 - y_6) + x_5 (y_6 - y_4) + x_6 (y_4 - y_5) ;$$

l'angle d'inclinaison de ces deux plans sera

$$\cos\omega = \frac{AA' + BB' + CC'}{\sqrt{A^2 + B^2 + C^2}\,\sqrt{A'^2 + B'^2 + C'^2}},$$

et cette valeur sera négative lorsqu'elle s'appliquera à un angle obtus.

Si au lieu de six points, qui est le cas général, on en prend seulement quatre, dont deux sont situés sur l'arête à mesurer, on mettra à la place des valeurs (x_5, y_5, z_5) et (x_6, y_6, z_6) les valeurs de deux points déjà connus (x_2, y_2, z_2) et (x_3, y_3, z_3).

L'erreur se calcule de la façon suivante. Soient

$\alpha + \beta$ le véritable angle d'inclinaison;

$\alpha + \beta - \varepsilon - \varepsilon'$ l'angle trouvé;

b et B les coordonnées perpendiculaires vraies;

Fig. 3.

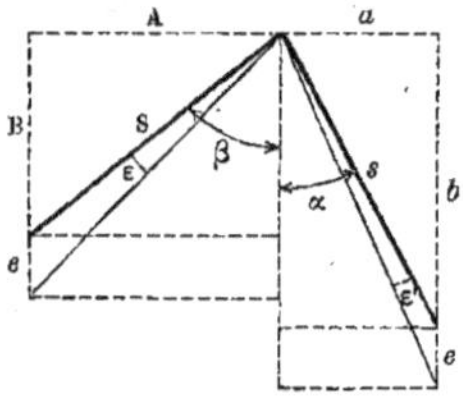

$b + e$ et B $+ e$ les coordonnées observées, e étant l'erreur provenant de causes diverses, mauvaise construction des vis, erreur personnelle de l'observateur, etc. :

$$\operatorname{tang}\alpha = \frac{a}{b}, \quad \operatorname{tang}\beta = \frac{A}{B}, \quad \operatorname{tang}(\alpha - \varepsilon') = \frac{a}{b + e},$$

$$\operatorname{tang}(\beta - \varepsilon) = \frac{A}{B + e},$$

$$\operatorname{tang}(\alpha - \varepsilon') = \frac{\operatorname{tang}\alpha - \operatorname{tang}\varepsilon'}{1 + \operatorname{tang}\alpha\,\operatorname{tang}\varepsilon'} = \frac{a}{b + e},$$

$$\operatorname{tang}(\beta - \varepsilon) = \frac{\operatorname{tang}\beta - \operatorname{tang}\varepsilon}{1 + \operatorname{tang}\beta\,\operatorname{tang}\varepsilon} = \frac{A}{B + e},$$

Remplaçant $\tang \alpha$ et $\tang \beta$ par leurs valeurs, il vient

$$\tang \varepsilon' = \frac{(e+b)\,\tang\alpha - a}{a\,\tang\alpha + b + e} = \frac{ea}{a^2 + b^2 + eb},$$

$$\tang \varepsilon = \frac{e\,A}{A^2 + B^2 + cB}.$$

$$\tang(\varepsilon + \varepsilon') = \frac{e^2(aB + Ab) + c\left[a(A^2 + B^2) + A(a^2 + b^2)\right]}{e^2(bB - aA) + c\left[b(A^2 + B^2) + B(a^2 + b^2)\right] + (a^2 + b^2)(A^2 + B^2)}.$$

Posant $a^2 + b^2 = s^2$ et $A^2 + B^2 = S^2$, la différence entre l'angle vrai et l'angle trouvé sera

$$\tang(\varepsilon + \varepsilon') = \frac{e(aS^2 + As^2)}{s^2 S^2}$$

Pour un angle dont l'arête est $0^{mm},5$, on a trouvé expérimentalement pour e la valeur $0^{mm},0015$ pour un grossissement de 280 fois. Posons

$$a = 0^{mm},355, \quad A = 0^{mm},355,$$
$$(I) \qquad \tang(\varepsilon + \varepsilon') = 0,00426 = \tang 14';$$

si l'on avait $S = 1^{mm},0$, $s = 1^{mm},0$, $A = 0^{mm},71$, $a = 0^{mm},71$ avec un grossissement de 280 fois, il viendrait

$$(II) \qquad \tang(\varepsilon + \varepsilon') = 0,00213 = \tang 7'.$$

Enfin, si l'on s'était servi pour ces mesures d'un grossissement de 70 fois, on aurait eu $e = 0,022$ et pour le cas (I)

$$\tang(\varepsilon + \varepsilon') = 0,06248 = \tang 3°34',$$

pour le cas (II)

$$\tang(\varepsilon + \varepsilon') = 0,03124 = \tang 1°47'.$$

2. *Densité des minéraux microscopiques.* — La liqueur de biiodures permet de prendre d'une façon extrêmement exacte le poids spécifique d'un minéral. Lorsque ce poids spécifique est inférieur à 2,77, limite maximum de la densité de la liqueur, on peut dire que l'approximation dépend uniquement de l'opérateur, et le procédé s'applique à des fragments absolument microscopiques.

L'instrument est le même que celui qui sert au triage des éléments des roches; cependant il y a avantage à avoir un réservoir supérieur un peu large et haut seulement de $0^m,08$ à $0^m,09$, y compris la partie effilée se rattachant au robinet. Ce réservoir est d'ailleurs fermé par un bouchon en caoutchouc muni d'un tube en verre et d'un tube en caoutchouc, qu'on met en communication avec la machine pneumatique de manière à pouvoir enlever l'air. On se sert toujours, pour opérer plus rapidement, d'un même flacon à densité, dont le volume est d'environ 3^{cc} et qui contient un poids d'eau parfaitement connu à diverses températures.

On verse d'abord la liqueur, puis la poudre minérale; on insuffle de l'air pour agiter, et l'on ajoute goutte à goutte, avec une pipette effilée, de l'eau distillée récemment bouillie, en ayant soin de répéter l'agitation à chaque fois; puis on laisse reposer, et l'on examine à la loupe ou même au microscope si les grains montent ou descendent. Quand on approche de la fin de l'opération, le procédé est tellement sensible, qu'il convient de ne plus ajouter d'eau pure, mais bien un mélange d'eau et de liqueur, ce qui modifie moins brutalement la densité. Aussitôt le repos des grains obtenu, on décante, on remplit le flacon à densité de liqueur dont on prend le poids et on note la température. Pour avoir le poids spécifique, il suffit de diviser le poids de la liqueur par celui de l'eau à la même température.

On remarquera qu'il est inutile de peser le corps, ce qui est d'un grand avantage dans bien des cas.

Un second procédé s'applique aux minéraux dont la densité dépasse 2,77 ; mais, comme il oblige à peser les corps, il est limité à ceux du poids minimum de $0^{gr},01$. La balance de Plattner est pourtant assez sensible pour permettre d'opérer sur $0^{gr},004$ ou $0^{gr},005$ de matière.

On procède de la façon suivante [*Note sur un nouveau procédé pour prendre la densité de minéraux en fragments très petits*, par M. J. Thoulet (*Bull. Soc. minéral. de France*, t. II, p. 189; 1879)].

On fabrique, avec de la cire vierge, une sorte de boulette ayant à peu près la forme d'un grain de blé, mais moitié plus petite, et au centre de laquelle on noie un petit fragment d'un minéral quelconque, de manière à donner à l'ensemble, grâce à cette sorte de lest, une pesanteur spécifique supérieure à 1 et ne dépassant pas 2. Je me sers pour cela d'une esquille de feldspath, mais il est évident que tout autre silicate inattaquable pourrait jouer le même rôle. Ce système, bien lissé entre les doigts, après avoir été, s'il est nécessaire, légèrement ramolli à une douce chaleur, constitue un flotteur de poids P. A l'aide d'une simple pression des doigts, on colle à ce flotteur le corps dont on veut prendre la densité, qui peut être d'ailleurs en un ou plusieurs fragments et dont on connaît exactement le poids p. On plonge le tout dans une douzaine de centimètres cubes de la liqueur de biiodures. En ajoutant, comme précédemment, de l'eau goutte à goutte et en agitant à chaque fois, afin de bien mélanger, on parvient à donner à la liqueur une densité telle, que le système du flotteur et des corps qui lui sont accolés y flotte exactement, ou, en d'autres termes, n'y monte ni ne descende. On pourra même, s'il est nécessaire, recourir à la machine pneumatique pour enlever les bulles d'air adhérentes. On prélève alors sur cette liqueur un échantillon dont on prend la densité Δ par les méthodes ordinaires. On retire le flotteur, on le lave à l'eau, on le sèche avec précaution, et, en se servant d'une pince, on arrache les minéraux accolés, en ayant bien soin de ne pas déformer le flotteur qui garde en creux l'impression exacte des fragments qu'il supportait. On replonge alors le flotteur dans la solution d'iodures, qui, nécessairement, est maintenant trop pesante, et l'on y ajoute encore de l'eau jusqu'à ce que ce flotteur n'y monte ni ne descende. On soumet, s'il y a lieu, à la machine pneumatique, et l'on prend la nouvelle densité D. On possède dès lors tous les éléments pour résoudre le problème.

En effet, soient P le poids, V le volume et D la densité du flotteur; on a

$$V = \frac{P}{D}.$$

Soient p le poids, v le volume et d la densité du corps à étudier; on a

$$v = \frac{p}{d}.$$

Soit enfin Δ la densité de la liqueur où flotte le système du flotteur et des minéraux accolés; on a

$$\Delta = \frac{P + p}{V + v} = \frac{P + p}{V + \frac{p}{d}},$$

d'où

$$d = \frac{p\,\Delta}{P + p - \Delta V} = \frac{p\,\Delta}{P + p - \frac{\Delta P}{D}}.$$

Chacune des valeurs précédentes sera évaluée en tenant compte des corrections habituelles.

3. *Étude au microscope des sections de minéraux en grains très fins.* — Lorsqu'on examine au microscope des poudres minérales, on est privé de l'aide qu'apportent au diagnostic certaines propriétés n'appartenant guère qu'aux minéraux taillés. La surface des grains cristallins est tou-

jours plus ou moins irrégulière, ce qui trouble l'étude des
propriétés optiques, telles que la mesure des extinctions
entre les nicols croisés ou le polychroïsme ; l'observation
des clivages est presque impossible ; en outre, si l'on veut
étudier les minéraux opaques en lumière réfléchie, on ne
peut orienter au centre du goniomètre à microscope un
grain très petit et dont la face n'est le plus souvent pas
réfléchissante. Je me sers alors d'un ciment dans lequel je
noie la poudre minérale et assez dur pour être poli et
même taillé en lamelles minces. Parmi un grand nombre
de ciments divers, qui nécessairement ne doivent se solidi-
fier que par dessiccation et non par refroidissement, afin de
ne point risquer de troubler par l'action de la chaleur les
propriétés optiques si sensibles des minéraux, je donne la
préférence à un mélange d'oxyde de zinc et de silicate de
soude ou mieux de potasse ; on mêle à l'oxyde de zinc environ le dixième en volume de la poudre à examiner, et
l'on ajoute assez de silicate de potasse pour en faire une pâte
épaisse. On dépose alors sur une lame de verre un fragment
de tube de verre, haut de quelques millimètres, à bords
aplanis, et qui fait l'office de moule. On y verse la pâte, on la
recouvre d'un peu de papier, on la comprime avec le doigt
et on la laisse sécher. Au bout de deux ou trois jours, au
plus, la matière est sèche ; le plus souvent elle se contracte
et se détache seule du moule. On peut polir alors cette roche
artificielle absolument comme une roche naturelle ; elle
est assez tenace pour être réduite en lame très mince, car
le fer chromé préparé de cette façon montre sa transparence. Il suffit de coller la matière entre deux lames de
verre pour pouvoir la conserver et étudier au microscope,
en lumière transmise, les minéraux qu'elle contient, et qui
sont facilement discernables au milieu de la pâte opaque
qui les environne.

III.

ÉTUDE DES LAMES MINCES.

1. *Angles plans des clivages.* — Lorsqu'on examine
au microscope une lame mince pratiquée dans l'épaisseur
d'une roche, on voit que les divers cristaux qui y sont
contenus sont atteints par les deux surfaces de la lamelle
sous les angles les plus variés ; pour quelques-uns d'entre
eux seulement, le hasard a permis que les sections se
fissent parallèlement ou à peu près à certaines faces re-
marquables du cristal supposé complet et isolé. Or c'est
justement à ces cas spéciaux qu'on se rapporte dans la
pratique pour déterminer l'espèce minéralogique du cristal et de ses analogues au moyen de l'angle fait avec un côté
par la direction d'extinction entre les nicols croisés. Une
autre cause vient encore troubler la netteté, déjà si rare,
des contours des cristaux, noyés dans l'épaisseur de la lame
mince. Les cristaux, par suite de circonstances spéciales,
tantôt inhérentes à leur mode de formation, tantôt acciden-
telles et consécutives à la formation du minéral, ont leurs
bords plus ou moins déchiquetés, dentelés et corrodés. Il
serait donc à désirer que, une section étant donnée, on pût
se rendre un compte au moins approximatif de l'orien-
tation de cette section par rapport aux faces typiques de
l'espèce cristalline. Pour résoudre ce problème, on doit
chercher à s'appuyer sur un caractère assez général pour
se laisser reconnaître au microscope dans les fragments
presque les plus petits, offrant en soi un caractère de fixité
absolue et se reliant directement, par sa nature même,
avec les éléments connus du cristal complet. Le clivage
répond à toutes ces conditions.

Le problème, dans toute sa généralité, peut donc s'énon-

cer de la manière suivante : *Étant données de formes et
de dimensions angulaires les traces des clivages d'un
minéral sur une section artificielle quelconque, reconnaître la position de cette face artificielle par rapport
aux éléments du cristal type.* Ainsi énoncé, le problème
vient prendre sa place parmi les questions appartenant au
domaine de la Cristallographie mathématique.

L'équation générale pourrait certainement s'obtenir en
appliquant la Géométrie analytique, mais un pareil travail,
quel que puisse être sa valeur au point de vue mathématique,
serait peu utile en pratique, à cause de son extrême compli-
cation. Dans la grande majorité des roches, l'intérêt se con-
centre d'ailleurs sur quelques minéraux et sur quelques-unes
de leurs zones. C'est justement l'étude de ces cas spéciaux
que nous nous proposons ici, parce qu'ils sont les plus par-
ticulièrement importants dans les observations pétrologi-
ques. Nous considérerons uniquement les trois zones parallèles aux axes cristallographiques, celles-ci étant les seules
dans lesquelles on ait étudié graphiquement, jusqu'à ce jour,
les valeurs diverses des angles d'extinction, et nous opére-
rons ces déterminations sur les minéraux les plus répandus
dans les roches éruptives, le pyroxène, l'amphibole, l'orthose et les feldspaths tricliniques.

PYROXÈNE.

Le pyroxène appartient au système monoclinique; il
cristallise sous la forme d'un prisme plus ou moins modifié; trois zones offrent un intérêt particulier, les zones
pg^1, ph^1 et h^1g^1. Les clivages sont au nombre de cinq;
deux sont respectivement parallèles aux faces *m* du prisme
primitif : ils sont souvent interrompus, mais très nets; un
troisième est parallèle à h^1, un quatrième à g^1, et enfin le
cinquième est parallèle à la base *p*. Les trois derniers sont

beaucoup moins parfaits que les deux premiers : la plupart du temps, ils ne se distinguent pas, sauf dans le diallage, où il y a au contraire prédominance du clivage parallèle à h^1.

Zone $p\,g^1$. — Les clivages parallèles à m, qui sont les plus importants, font entre eux un angle de 87°5′; sur la face p, leur angle est de 95° 10′42″; sur la face g^1, les traces de ces clivages m seront parallèles et feront, par conséquent, un angle nul. En supposant une troncature artificielle notée par e, avec un exposant variable suivant l'angle que fera le plan variable lui-même de cette troncature avec le plan de la face p, les angles plans des traces de clivage prendront les valeurs indiquées au Tableau suivant. Ces valeurs ont été obtenues par une suite de calculs de Trigonométrie sphérique basés sur les données cristallographiques de M. Des Cloizeaux et dont on trouvera le détail dans un Mémoire publié aux *Annales des Mines* [*Variations des angles plans des clivages sur les faces des principales zones dans le pyroxène, l'amphibole, l'orthose et les feldspaths tricliniques*, par M. Thoulet (*Ann. des Mines*, juillet-août 1878)].

La face p aura la forme d'un rectangle dont les quatre angles seront plus ou moins tronqués par les traces des faces m du prisme primitif; la face g^1 offrira l'aspect d'un parallélogramme, et il en sera de même des faces e intermédiaires entre p et g^1. Sur le Tableau, la colonne I désigne l'angle des plans de section avec la face p, les colonnes II et III l'angle des clivages m entre eux et son supplément, enfin la colonne IV indique la section notée minéralogiquement.

(¹) Dans le travail sur le même sujet inséré aux *Annales des Mines*, j'avais simplement noté les faces en o, en a et en e par un exposant indiquant le rapport des longueurs coupées, sur les arêtes supérieures et latérales du prisme monoclinique du pyroxène et de l'amphibole, par chacune des sections. Au contraire, dans les Tableaux qui suivent, j'ai

Pyroxène. — Zone p g¹.

I.	II.	III.	IV.
0	$84° \, 49' \, 18''$	$95° \, 10' \, 42''$	p
5	85. 3	94.57	$e^{6,52}$
10	85.45	94.15	$e^{3,24}$
15	85.59	94. 1	$e^{2,12}$
20	88.38	91.22	$e^{1,50}$
25	90.51	89. 9	$e^{1,20}$
30	93.40	86.20	$e^{1,00}$
35	97. 5	82.55	$e^{0,80}$
40	101. 9	78.51	$e^{0,68} = e^{\frac{2}{3}}$
45	105.55	74. 5	$e^{0,56}$
50	111.27	68.33	$e^{0,48}$
55	117.45	62.15	$e^{0,40}$
60	124.50	55.10	$e^{0,33} = e^{\frac{1}{3}}$
65	132.41	47.19	$e^{0,26} = e^{\frac{1}{4}}$
70	141.14	38.46	$e^{0,21}$
75	150.22	29.38	$e^{0,15}$
80	159.59	20. 1	$e^{0,10}$
85	169.55	10. 5	$e^{0,05}$
90	180. 0	0. 0	g^1

Zone ph¹. — Ainsi que nous l'avons dit, la face *p* aura
la forme d'un rectangle modifié sur les angles et quadrillé
par les clivages *m*; la face *h¹* sera un rectangle où les clivages seront indiqués par des lignes parallèles entre elles
et aux côtés du rectangle; les facettes naturelles ou artifi-
cielles intermédiaires, notées *o* ou *a* selon qu'elles seront

---

donné la véritable notation cristallographique, obtenue en multipliant les
nombres trouvés par l'inverse du rapport $\dfrac{b}{h} = \dfrac{1000}{399,089}$ pour le pyroxène et
$\dfrac{b}{h} = \dfrac{1000}{257,534}$ pour l'amphibole.

faites sur le sommet antérieur ou sur le sommet postérieur du prisme, seront des losanges, et les traces des clivages m s'y croiseront sous les angles inscrits au Tableau suivant. Les trois autres clivages fourniront des traces parallèles aux diagonales du losange, et par conséquent perpendiculaires entre elles.

Pyroxène. — Zone p h^v.

I.	II.	III.	IV.
°	° ′	° ′	
0	95.11	84.49	p
5	94. 0	86. 0	$a^{6,100}$
10	92.46	87.14	$a^{2,524}$
15	92.56	87. 4	$a^{2,092}$
20	93. 4	86.56	$a^{1,580}$
25	93.38	86.22	$a^{1,261}$
30	94.38	85.22	$a^{1,062} = a^1$
35	96. 8	83.52	$a^{0,812}$
40	98. 4	81.56	$a^{0,768} = a^{\frac{3}{4}}$
45	100.32	79.28	$a^{0,668} = a^{\frac{2}{3}}$
50	103.32	76.28	$a^{0,581}$
55	105.50	74.10	$a^{0,513} = a^{\frac{1}{2}}$
60	111.18	68.42	$a^{0,148}$
65	116. 6	63.54	$a^{0,102}$
70	121.38	58.22	$a^{0,310} = a^{\frac{1}{3}}$
75	127.50	52.10	$a^{0,288}$
80	134.46	45.14	$a^{0,240} = a^{\frac{1}{4}}$
85	142.24	37.36	$a^{0,106} = a^{\frac{1}{5}}$
90	150.38	29.22	$a^{0,118}$
95	159.26	20.34	$a^{0,100}$
100	168.40	11.20	$a^{0,066}$
105	178. 6	1.54	$a^{0,008}$
106.1′	180. 0	0. 0	h^1

$$Pyroxène. - Zone\ ph^1.$$

I.	II.	III.	IV.
0	95.11	84.49	p
5	96.50	83.10	$o^{5,481}$
10	99.0	81.0	$o^{?,501}$
15	101.40	78.20	$o^{1,792}$
20	104.54	75.6	$o^{1,289}$
25	108.42	71.18	$o^{0,968} = o^1$
30	113.8	66.52	$o^{0,757} = o^{\frac{3}{4}}$
35	118.14	61.46	$o^{0,572}$
40	124.2	55.58	$o^{0,472} = o^{\frac{1}{2}}$
45	130.32	49.28	$o^{0,372}$
50	137.44	42.16	$o^{0,?88}$
55	145.38	34.22	$o^{0,716}$
60	154.6	25.54	$o^{0,152}$
65	163.6	16.54	$o^{0,092}$
70	172.24	7.36	$o^{0,040}$
$73°59'$	180.0	0.0	h^1

Zone $h^1 g^1$. — Dans toutes les faces de cette zone, les
deux clivages parallèles à *m*, le clivage parallèle à h^1 et le
clivage parallèle à g^1 auront les traces parallèles entre
elles et aux côtés du parallélogramme représentant la face.
Ce parallélogramme pourra évidemment être un rectangle
dans certaines positions. Au contraire, le clivage parallèle
à *p* coupera toutes les traces suivant un certain angle que
nous appellerons δ et que nous calculerons. Nous suppo-
serons pour cela un plan assujetti à passer par l'axe du
prisme primitif jouant le rôle d'axe de zone, et nous ferons
tourner ce plan autour de l'axe de zone d'un angle ρ, variant de zéro pour le parallélisme avec la face g^1 à $90°$
lorsqu'il sera parallèle à h^1.

Angles du parallélogramme de section. — Zone $h^1 g^1$.

p.	δ.	$180° - \delta$.	
0°	106°. 1′	73°.59′	g^1
5	105.58	74. 2	$g^{1,20}$
10	105.47	74.13	$g^{1,45}$
15	105.30	74.30	$g^{1,78}$
20	105. 6	74.54	$g^{2,74}$
25	104.35	75.25	$g^{2,93}$
30	103.58	76. 2	$g^{4,10}$
35	103.14	76.46	$g^{6,59}$
40	102.24	77.36	$g^{10,05}$
43°32′30″	101.45.3	78.14.57	m
45	101.28	78.32	$h^{39,28}$
50	100.27	79.33	$h^{8,88}$
55	99.21	80.39	$h^{4,98}$
60	98.10	81.50	$h^{3,43}$
65	96.55	83. 5	$h^{2,18}$
70	95.36	84.24	$h^{2,00}$
75	94.15	85.45	$h^{1,68}$
80	92.51	87. 9	$h^{1,40}$
85	91.26	88.34	$h^{1,13}$
90	90. 0	90. 0	h^1

AMPHIBOLE.

L'amphibole cristallise dans le même système que le pyroxène ; comme lui, elle est monoclinique : les calculs seront donc identiques aux précédents, les angles seuls seront changés.

Les clivages dans les diverses variétés d'amphibole sont les suivants :

Trémolite. — Clivage suivant m, très facile et très net ; traces suivant h^1 et g^1.

Pitkarantite. — Clivage facile parallèlement à h^1.

Arfwedsonite. — Clivage facile et d'un vif éclat suivant

m (le prisme primitif est de 123°55′ au lieu de 124°11′, valeur pour l'amphibole proprement dite); clivage imparfait suivant g^1.

Hornblende. — Clivage très facile et d'un éclat vitreux parallèlement à m; indistinct suivant g^1.

Amphibole. — Zone pg^1.

I.	II.	III.	IV.
°	° ′ ″	° ′ ″	
0	122.32.20	57.27.40	p
5	122.45	57.15	$e^{3,726}$
10	123.21	57.39	$e^{1,606}$
15	124.22	55.38	$e^{1,056} = e^1$
20	125.48	54.12	$e^{0,779}$
25	127.37	52.23	$e^{0,600}$
30	129.51	50. 9	$e^{0,491} = e^{\frac{1}{2}}$
35	132.28	47.32	$e^{0,403}$
40	135.27	44.23	$e^{0,337}$
45	138.48	41.12	$e^{0,283}$
50	142.29	37.31	$e^{0,226}$
55	146.29	33.31	$e^{0,198} = e^{\frac{1}{4}}$
60	150.44	29.16	$e^{0,104}$
65	155. 1	24.59	$e^{0,131}$
70	159.58	20. 2	$e^{0,103}$
75	164.50	15.10	$e^{0,071}$
80	169.49	10.11	$e^{0,049}$
85	174.53	5. 7	$e^{0,026}$
90	180. 0	0. 0	g^1

Amphibole. — Zone ph^1.

I.	II.	III.	IV.
°	° ′ ″	° ′ ″	
0	57.27.40	122.32.20	p
5	56.32	123.28	$a^{0,042}$
10	56. 0	124.0	$a^{3,066}$
15	55.48	124.12	$a^{2,066}$

I.	II.	III.	IV.
$20°$	$56.\ 0'$	$124.\ 0'$	$a^{1,061}$
25	56.32	123.28	$a^{1,246}$
30	57.28	122.32	$a^{1,033} = a^{1}$
35	58.48	121.12	$a^{0,876}$
40	60.36	119.24	$a^{0,753} = a^{\frac{3}{4}}$
45	62.54	$117,\ 6$	$a^{0,655} = a^{\frac{1}{3}}$
50	65.46	114.14	$a^{0,570}$
55	69.20	110.40	$a^{0,408} = a^{\frac{1}{2}}$
60	73.40	106.20	$a^{0,437}$
65	$79.\ 0$	$101.\ 0$	$a^{0,376}$
70	85.28	94.32	$a^{0,326} = a^{\frac{1}{3}}$
75	93.20	86.40	$a^{0,275}$
80	102.52	$77.\ 8$	$a^{0,229}$
85	114.20	65.40	$a^{0,182}$
90	127.58	$52.\ 2$	$a^{0,139}$
95	143.46	36.14	$a^{0,092}$
100	161.24	18.36	$a^{0,046}$
$104°58'$	$0.\ 0$	$0.\ 0$	h^{1}

Amphibole. — Zone ph^{1}.

I.	II.	III.	IV.
$0°$	$57.27'.40''$	$122.32'.20''$	p
5	58.48	121.12	$o^{5,634}$
10	60.36	119.24	$o^{2,832}$
15	62.52	$117.\ 8$	$o^{1,622}$
20	65.44	114.16	$o^{1,311}$
25	69.18	$110\ 42$	$o^{0,997} = o^{1}$
30	73.38	106.22	$o^{0,781}$
35	78.56	$101.\ 4$	$o^{0,622}$
40	85.24	94.36	$o^{0,501} = o^{\frac{1}{2}}$
45	93.14	86.46	$o^{0,401}$
50	102.46	77.14	$o^{0,316}$
55	114.14	65.46	$o^{0,241} = o^{\frac{1}{4}}$

I.	II.	III.	IV.
$60°$	$127.50'$	$52.10'$	$o^{0,180}$
65	143.36	36.24	$o^{0,121}$
70	161.12	18.48	$o^{0,060}$
75	179.54	0.6	$o^{0,002}$
$75°2'$	180.0	0.0	h^1

Angles du parallélogramme de section. — Zone $h^1 g^1$.

$\rho.$	$\delta.$	$180° - \delta.$	
$0°$	$104.58'$	$75.2'$	g^1
5	104.55	75.5	$g^{1,10}$
10	104.45	75.15	$g^{1,70}$
15	104.29	75.31	$g^{1,33}$
20	104.6	75.54	$g^{1,48}$
25	103.37	76.23	$g^{1,65}$
30	103.2	76.58	$g^{1,87}$
35	102.21	77.39	$g^{2,17}$
40	101.34	78.26	$g^{2,50}$
45	100.42	79.18	$g^{3,28}$
50	99.45	80.15	$g^{4,38}$
55	98.43	81.17	$g^{7,08}$
60	97.37	82.23	$g^{21,97}$
$62°5'40''$	$97.7.53''$	$82.52.7''$	m
65	96.27	83.33	$h^{10,31}$
70	95.13	84.47	$h^{5,46}$
75	93.57	86.3	$h^{3,07}$
80	92.39	87.21	$h^{2,01}$
85	91.20	88.40	$h^{1,10}$
90	90.0	90.0	h^1

ORTHOSE.

L'orthose cristallise dans le système monoclinique et sous la forme d'un prisme rhomboïdal oblique de $118°48'$. Elle possède un clivage facile et parfait suivant p, un deuxième clivage moins facile et quelquefois interrompu suivant g^1, et enfin un clivage très difficile suivant les faces m. Nous ne nous occuperons que des deux premiers, les seuls qui soient d'un intérêt pratique.

Zone $h^1 g^1$. — Nous chercherons, comme dans les cas précédents, les angles faits par les traces du clivage parallèle à g^1 avec les traces du clivage parallèle à p.

Angles du parallélogramme de section. — Zone $h^1 g^1$.

p.	δ.	$1800 - \delta$.	
0	116. 7	63.53	g^1
5	116. 2	63.58	$g^{1,11}$
10	115.46	64.14	$g^{1,23}$
15	115.20	64.40	$g^{1,38}$
20	114.44	65.16	$g^{1,55}$
25	113.57	66. 3	$g^{1,76}$
30	113. 0	67. 0	$g^{2,04}$
35	111.53	68. 7	$g^{2,41}$
40	110.35	69.25	$g^{2,97}$
45	107. 7	70.53	$g^{3,89}$
50	107.29	72.31	$g^{5,77}$
55	105.42	74.18	$g^{11,87}$
59°24′	104.0.46″	75.59.14″	m
60	103.46	76.14	$h^{82,85}$
65	101.42	78.18	$h^{8,40}$
70	99.31	80.29	$h^{4,20}$
75	97.14	82.46	$h^{2,66}$
80	94.52	85. 8	$h^{1,85}$
85	92.27	87.33	$h^{1,30}$
90	90. 0	90. 0	h^1

LABRADOR.

Le labrador appartient au système triclinique et cristallise sous la forme d'un prisme doublement oblique de 121°37′; il offre un clivage facile suivant p, un deuxième clivage moins facile suivant g^1, enfin des traces de clivage

suivant *m*. Comme pour l'orthose, nous nous sommes
borné à calculer les angles plans des parallélogrammes
représentant les sections du prisme du labrador par des
plans assujettis à passer tous par l'axe vertical; si l'on
fait varier l'angle de rotation vers la droite, la section, se
confondant d'abord avec g^1, passera par la position *m* et
finira par coïncider avec h^1, tandis qu'en faisant varier ρ
vers la gauche cette section, partant de la même position
g^1, passera par la position *t* et coïncidera ensuite avec h^1.
Dans ce mouvement, d'abord vers la droite, puis vers la
gauche, la section occupera toutes les positions possibles
aux facettes appartenant à la zone $h^1 g^1$, la seule qui
présente un véritable intérêt pratique. Le Tableau des
valeurs angulaires calculées donnera donc les angles des
parallélogrammes de section de cette zone, angles qui,
en réalité, indiquent l'inclinaison pour chaque section des
traces du clivage parallèle à *p* sur les traces du clivage
parallèle à g^1.

Angles du parallélogramme de section. — *Zone $h^1 g^1$.*

ρ (droite).	δ.	$180^o - \delta$.	
0°	$116^o. 8'.58'',83$	$63^o.51'. 1'',17$	g^1
5	116.11.59,62	63.48. 0,38	
10	116. 4.30	63.55.30	
15	115.46.50	64.13.10	
20	115.18.50	64.41.10	
25	114.40.20	65.19.40	
30	113.51.10	66. 8.50	
35	112.51.50	67. 8.10	g
40	111.42. 0	68.18. 0	
45	110.21.50	69.38. 0	
50	108.51,40	71. 8.20	
55	107.11.40	72.48.20	
60	105.22.20	74.37.40	
$60^o48',12'',47$	105. 3.43,44	74.56.16,56	*m*

ρ (droite).	δ.	1800 — δ.	
65°	103.24. 0″	76.36. 0″	
70	101.18. 0	78.42. 0	
75	99. 5. 0	80.55. 6	} h
80	96.46. 0	83.14. 0	
85	94.22.50	85.37.10	
90	91.56.40	88. 3.20	
93°55′8″,93	90. 1. 0	89.59. 0	h¹

Angles du parallélogramme de section. — Zone h¹ g¹.

ρ (gauche).	δ.	1800 — δ.	
0	116. 8.58,83	63.51. 1,17	g¹
5	115.55.40	64. 4.20	
10	115.31.50	64.28.10	
15	114.57.40	65. 2.20	
20	114.13. 0	65.47. 0	
25	113.18. 0	66.42. 0	
30	112.12.20	67.47.40	
35	110.56.30	69. 3.30	g
40	109.30.30	70.29.30	
45	107.54.30	72. 5.30	
50	106. 9. 0	73.51. 0	
55	104.14 30	75.45.30	
60	102.11.40	77.48.20	
60°55′56″,31	101.47.55,43	78.12. 4,57	t
65	100. 1.20	79.58.40	
70	97.44.50	82.15.10	
75	95.23.10	84.36.50	} h
80	92.58. 0	87. 2. 0	
85	90.30.50	89.29.10	
86° 4′51″,07	89.59. 0	90. 1. 0	h¹

Si l'on calcule dans les autres feldspaths tricliniques
(anorthite, oligoclase et albite) l'angle que fait l'arète de
zone g¹ h¹ avec la brachydiagonale, et que l'on en compare

la valeur avec celle trouvée pour le labrador, on obtient
le Tableau suivant :

	δ.	$180° - \delta$.
Labrador	116°. 8′.58″,83	63°.51′. 1″,17
Anorthite.....	115.55.50	64. 4.10
Oligoclase.	116.28. 0	63.32. 0
Albite	116.28.30	63.31.30,30

L'extrême analogie de ces diverses valeurs, dont la différence maximum atteint à peine 0°,5 et se trouve bien
en deçà des limites d'erreur de la mesure des angles au
microscope, nous autorise à conclure que le Tableau des
valeurs calculées pour le labrador peut, sans erreur sensible, être utilisé pour tous les feldspaths tricliniques.

2. *De l'apparence dite chagrinée présentée par un
certain nombre de minéraux examinés en lames minces.*
— Il existe un certain nombre de minéraux qui, examinés en lames minces sous le microscope, offrent une
apparence qu'on a appelée *chagrinée*. Cette apparence
est, comme l'indique son nom, analogue à celle de la
peau de chagrin ; elle consiste en une série de points ou
de lignes plus ou moins foncées, plus ou moins larges
et plus ou moins distinctes courant sur le fond de la
roche. Dans quelques minéraux très réfringents et transparents, comme le péridot, le chagriné observé avec un
fort grossissement et en lumière polarisée offre l'aspect
d'un semis de points colorés d'une certaine façon sur le
fond général de la plage coloré d'une teinte uniforme et
différente de la première. On regardait cette apparence
comme une fonction assez régulière de la dureté, et cette
opinion semble appuyée par l'observation directe, car plus
une substance est dure et plus le chagriné paraît accen-
tué. Le chagriné tient, dans la plupart des cas, à un
défaut de polissage ; nous allons démontrer que cette cause
est générale et qu'elle n'est pas due à des particularités de

structure du minéral ; pour cela, nous étudierons comment l'aspect chagriné dépend du polissage, dans quels minéraux on le constate et la valeur que ce caractère est susceptible de présenter relativement au diagnostic des minéraux microscopiques. Nous n'avons pas manqué, pendant le cours de ces recherches, de prendre l'avis, pour tout ce qui concerne les considérations pratiques, d'un artiste, M. Ivan Werlein, dont l'habileté et l'expérience sont bien connues de tous ceux qui s'occupent d'Optique minéralogique.

Rappelons en quelques mots la façon dont se fabriquent les plaques minces.

La roche est usée à l'aide de matières dures pulvérisées, telles que le grès, puis avec de l'émeri dont la grosseur est de moins en moins grande. Aussitôt qu'elle a atteint l'épaisseur convenable, qui, pratiquement, est telle qu'on peut lire au travers les caractères d'imprimerie sur lesquels elle est placée, on la polit en la frottant, selon les cas, sur un drap mouillé recouvert de rouge anglais, ou avec de la potée d'étain ou du tripoli répandu sur un fort papier collé sur le disque du tour de lapidaire, ou avec de la poix mélangée de potée d'étain, uniformément étalée sur un disque en cuivre ou sur un morceau de velours, ou enfin, et le plus souvent s'il s'agit de roches, à sec sur un plan de verre. La plaque terminée a une épaisseur variant de $\frac{1}{100}$ à $\frac{3}{100}$ de millimètre.

Dans la préparation d'une face plane, il y a donc deux périodes.

α. La première est une usure au moyen d'un corps très dur, émeri ou corindon, de dureté 9 dans l'échelle de Mohs, ou bien encore de tripoli. La matière rocheuse est sillonnée de stries variant à chaque instant de position et qui, sans cesse renouvelées par le mouvement du disque et celui de la main de l'ouvrier, attaquent la roche de plus en plus profondément et en diminuent l'épaisseur.

Quelle que soit la finesse des grains d'émeri, on n'obtient jamais ainsi une surface polie, et l'observation au microscope, sous un fort grossissement et dans l'air, montre toujours la présence de stries.

β. La seconde période est celle du polissage. La roche, réduite à l'épaisseur convenable par usure, est frottée contre une matière tendre, rouge anglais, potée d'étain, tripoli de Venise, velours ou plan de verre, et prend un poli plus ou moins parfait selon la matière employée et la durée de l'opération.

En définitive, on peut représenter ces deux phases de l'opération par le schéma ci-contre (*fig.* 2). Après

Fig. 4.

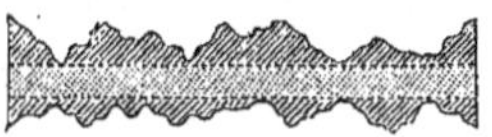

l'usure, la roche ou le minéral offrira l'aspect montré en coupe par la section ombrée de droite à gauche, tandis qu'après le polissage les aspérités seront enlevées et l'on aura une tranche à faces bien parallèles. La matière polissante opérera non plus par sa dureté supérieure, elle se bornera à produire une sorte d'éclatement des portions en saillie ; aussitôt ces saillies éliminées, comme elle est plus tendre, elle perdra la presque totalité de son action.

En résumé, la formation d'une face parfaitement plane comporte deux périodes : 1° usure par production de stries ; 2° polissage par ablation de ces stries.

L'effet d'usure, montré par l'observation au microscope à l'aide de grossissements suffisamment forts, est toujours produit par un corps plus dur que le corps usé, et ainsi s'explique l'emploi exclusif de l'émeri de dureté 9 pour l'usure des roches dont la dureté moyenne est de 6,5 à 7. Il est d'ailleurs absolument conforme aux idées reçues en

Minéralogie de dire que tout corps est rayé ou strié par un corps plus dur que lui.

Il est bien entendu que nous faisons abstraction ici des effets du choc qui permettrait, par exemple, de briser un diamant avec un marteau d'acier incomparablement moins dur que lui. Il y a là des phénomènes de rupture, de cassure, de brisement et non point d'usure telle que nous avons défini plus haut ce mode d'action.

Le polissage est d'un ordre tout différent. Comme il se pratique par l'ablation des portions en saillie des stries laissées par l'usure, il se fait non point à l'aide d'un corps plus dur qui créerait de nouvelles stries, mais d'un corps de dureté inférieure ou au plus égale, et l'on peut énoncer l'axiome : *Un corps préalablement usé est poli par un corps moins dur ou aussi dur que lui.* La durée du polissage sera évidemment d'autant plus longue que le corps polissant sera plus tendre ; en revanche, ce polissage en sera d'autant plus parfait.

Si l'on prend un morceau de vérre dépoli sur une ou deux de ses faces, et qu'on l'étudie à un fort grossissement, on observe que sa surface, recouverte d'une grande quantité de stries, empêche absolument, par lumière transmise, de distinguer les objets placés en arrière. Cet effet résulte de ce que les rayons lumineux venant des corps éclairés sont réfractés d'une manière confuse par les irrégularités de la surface du verre, agissant en quelque sorte comme une infinité de petits prismes orientés dans toutes les directions. Si l'on mouille le verre d'une goutte d'eau, on distingue avec une certaine netteté la différence entre la lumière et l'ombre, mais on ne peut apercevoir les objets ; au contraire, si l'on y dépose une goutte de baume de Canada recouverte d'une lamelle, le verre devient absolument transparent : c'est le phénomène présenté par l'opale hydrophane, qui devient transparente quand ses vacuoles, d'abord pleines d'air, se remplissent ensuite d'eau, milieu d'indice de réfraction supérieur. Les préparations microscopiques allemandes sont souvent faites sur un verre dépoli rendu transparent à la place occupée par la roche par le baume de Canada qui colle celle-ci. On en conclura que, lorsqu'un corps rugueux est plongé dans un fluide, ses rugosités n'apparaîtront que si le fluide possède un indice de réfraction différent de celui du corps rugueux; elles seront d'autant plus nettes que l'indice du fluide différera davantage de celui du solide et disparaîtront entièrement aussitôt que ces indices seront égaux.

Nous allons maintenant essayer de nous servir des remarques précédentes pour expliquer les phénomènes qu'on observe alors qu'on examine des minéraux réduits en lames minces.

L'apparence chagrinée appartient aux minéraux suivants : péridot, sphène, pléonaste, fer chromé, gahnite, hercynite, zircon, grenat, idocrase, staurotide, épidote, apatite (probablement quand elle est pénétrée de quartz), pyroxène augite (probablement infiltré par de la tridymite dans les roches altérées).

Dans certaines préparations, on a trouvé l'aspect chagriné à une zéolithe et à un calcaire, tandis qu'un feldspath était absolument lisse. Il est évident que le feldspath doit toujours être lisse lorsqu'il est plongé dans du baume, car son indice varie de 1,52 à 1,53 et celui du baume est 1,53, c'est-à-dire égal. Quant à la calcite, l'aspect chagriné ne se rencontre jamais dans les grandes plages, mais seulement dans les agrégats cristallins, de sorte qu'on peut l'attribuer soit à des fissures séparant les cristaux, soit à ce que les cristaux, disposés confusément, montrent par lumière transmise tantôt l'absorption résultant de la réfraction ordinaire, tantôt celle de la réfraction extraordinaire, tantôt les deux plus ou moins mêlées entre elles. Les échantillons de calcite chagrinée sont rares ; il n'a pas été possible de reproduire artificielle-

ment l'aspect chagriné sur des lames de spath d'Islande
noyées dans le baume.

Expériences. — Une plaque de verre dépoli d'indice
1,53 était simplement translucide ; mouillée d'eau, elle
laissait apercevoir les contours des corps ; plongée dans le
baume d'indice 1,53, elle était devenue absolument transparente ; dans le sulfure de carbone (indice = 1,63), on
aperçut encore le chagriné, qui devint plus net avec du
sulfure de carbone tenant du soufre en dissolution. Cette
lame a pu être parfaitement polie, c'est-à-dire rendue
transparente dans l'air avec du papier recouvert de tripoli
de Venise.

Une lame de quartz rugueux a offert les mêmes phénomènes, car elle est devenue transparente quand elle a
été plongée dans le baume ; elle a été polie au papier et
au tripoli.

Un péridot de provenance inconnue, en gros fragments
de 1^{cc} à 2^{cc}, a été poli de façon à devenir une lame ne
présentant aucun chagriné. L'opération a été faite avec le
papier et le tripoli de Venise. Comme on pouvait objecter
que cet échantillon était peut-être filonien, c'est-à-dire de
nature particulière, on a isolé quelques cristaux de péridot
d'un basalte de Fogo, et ceux-ci ont été parfaitement polis
au papier de tripoli.

Le polissage du péridot en fragments absolument microscopiques au sein d'une roche demande quelques précautions. Supposons, en effet, du péridot environné de cristaux
de feldspath ; si l'on emploie une matière polissante de
dureté intermédiaire entre celles du péridot et du feldspath :
ce dernier, étant usé, ne tardera pas à diminuer d'épaisseur,
tandis que les grains de péridot, plus résistants, se mettront
en saillie, et, le frottement continuant, ils seront emportés
en brisant la mince lamelle qui les environne. La préparation sera donc perdue. Si l'on polit avec une substance très
douce, il faudra un temps considérable.

Un basalte porphyroïde de Bouigues (Cantal), contenant olivine, fer oxydulé, augite, labrador en grands cristaux, microlithes de labrador, d'augite, de fer oxydulé, et enfin de la calcite et de la limonite comme produits d'altération, a été poli au papier et à la potée d'étain : le pyroxène et le péridot y sont devenus absolument lisses, même dans l'air; le feldspath y était un peu rugueux, parce que la potée d'étain, plus dure que lui, l'avait usé; mais cette rugosité disparut dans le baume.

L'aspect chagriné d'une lamelle mince de péridot contenu dans un basalte préparé à la façon ordinaire et bien débarrassé de baume a montré un aspect des plus rugueux dans l'air; dans du baume, le chagriné avait diminué, quoique encore parfaitement apparent : c'était l'aspect ordinaire du minéral. Imbibé de sulfure de carbone contenant du soufre, il diminuait davantage, mais sans disparaître, ce qui était naturel, puisque son indice ($1,678$) était encore supérieur à celui du liquide le plus réfringent que l'on connaisse actuellement. En continuant l'examen sous le microscope, le sulfure de carbone ne tardait pas à s'évaporer, et l'on constatait la réapparition subite des rugosités.

Les observations conduisent aux conclusions suivantes :

1° Le chagriné dépend du mode de préparation de la lamelle, de la durée de l'opération, de l'habileté personnelle de l'ouvrier et enfin de la nature du milieu qui noie la préparation. Bien que, toutes choses égales d'ailleurs, il soit à peu près proportionnel à la dureté, on comprend que dans de telles conditions cette apparence n'offre aucun caractère se rattachant rigoureusement aux propriétés physiques particulières du minéral. Il suit de là qu'en employant des moyens de polissage suffisants on peut faire disparaître les rugosités de tous les minéraux. On les ferait encore disparaître de tous les minéraux mal polis, quels

qu'ils soient, si l'on possédait des liquides d'indice de
réfraction convenable.

2° Les rugosités d'un minéral diaphane disparaissant
à la vue aussitôt que le corps est plongé dans un milieu
ayant même indice que lui, on trouve dans ce phénomène
un procédé pour connaître, au moins approximativement,
l'indice de ce corps. Pour cela, on prépare une série de
liquides d'indice connu, savoir :

Eau..............................	1,34
Alcool.......................	1,36
Glycérine.....................	1,41
Huile d'olive	1,47
Huile de faînes.................	1,50
Essence de girofle.................	1,54
Essence de cannelle...............	1,58
Essence d'amandes amères..........	1,60
Sulfure de carbone...............	1,63

On recouvre alors le minéral, qui devra être préalablement amené à offrir deux faces parallèles rugueuses,
d'une goutte de chacun de ces liquides, en commençant par
le moins réfringent, et l'on note quel est celui qui fait
disparaître les stries.

<h2 style="text-align:center">IV.</h2>

ÉTUDE DES PROPRIÉTÉS PHYSIQUES.

1. *Étude sur la fusibilité des minéraux et sur leur
densité après fusion.* — La connaissance exacte du point
de fusion des minéraux en général, et surtout de ceux qui
font partie des roches, serait d'une haute importance aussi
bien pour l'étude des caractères physiques de ceux-ci que
pour l'histoire des masses rocheuses éruptives, dans la
formation desquelles la chaleur et les phénomènes qui
l'accompagnent ont joué un rôle capital. Malheureusement

la difficulté de pareilles études est considérable, surtout
lorsqu'il s'agit de corps de composition compliquée, tels
que la plupart des silicates, où souvent un mélange mécanique d'impuretés vient encore jeter l'irrégularité dans les
faits observés. L'emploi du microscope en Minéralogie a
enlevé une partie de la confiance qu'on avait autrefois dans
la pureté des minéraux et a montré des impuretés on
pourrait presque dire partout, ce qui a augmenté les difficultés. Dans le présent travail, nous avons essayé d'apporter
quelque lumière dans le sujet ; pour cela nous avons d'abord
fait un examen critique des résultats obtenus par les
savants qui se sont occupés de la question, et nous avons
ensuite exécuté un certain nombre d'expériences nouvelles ;
mais, nous le reconnaissons, malgré tout le soin avec
lequel nous avons opéré, nous avons gagné peu de chose, et
l'exposé de nos recherches aura pour but principal de montrer que l'observation, même la plus délicate, est insuffi-
sante si elle ne s'applique à des échantillons microscopiques, ou, en d'autres termes, si elle n'est pas d'un ordre
microscopique. En supposant qu'on n'ait commis aucune
erreur dans l'évaluation du moment où commence la fusion,
si les fragments employés ont quelques millimètres de surface, on ne pourra pas répondre qu'ils ne contiennent des
impuretés, et, au lieu de la rigueur absolue, on n'aura plus
qu'une approximation dont il sera même impossible
d'estimer le degré.

Plusieurs savants se sont livrés aux recherches relatives
à la fusibilité des minéraux. Le premier en date est Von
Kobell, dans un travail intitulé *Vorschlag zu einer
Scala über die Schmelzbarkeit der Mineralien* (*Erdm.
Journ. prakt. Chem.*, t. X, p. 258-260 ; 1837). Kobell,
frappé de l'insuffisance et du vague des termes dont on se
servait pour marquer la fusibilité, imagina une échelle
du genre de celle qui avait été déjà inventée pour les duretés.
Pour dresser cette échelle, il n'employa pas de méthode

bien déterminée : il fondit ou essaya de fondre chaque
minéral au chalumeau et nota si le minéral examiné fon-
dait plus ou moins facilement que d'autres minéraux choisis
sans grands motifs comme termes de comparaison. Kobell
fournit ainsi aux minéralogistes une façon abrégée de
s'entendre entre eux, mais rien de plus. Son échelle se
composait des sept degrés suivants :

1. Jamesonite.
2. Natrolite.
3. Grenat almandin.
4. Actinote.
5. Orthose (adulaire).
6. Bronzite.
Infusibilité complète.

Le Mémoire de Kobell se termine par une liste de
quatre-vingt-dix minéraux, dont nous donnerons plus loin
un extrait.

Berthier s'occupa spécialement de la fusibilité des silicates, d'abord dans un Mémoire séparé, puis dans son *Traité
des essais par la voie sèche* (Paris, 1848). Ses essais furent
exécutés avec beaucoup plus de méthode que ceux de son
prédécesseur, et il chercha à se rendre compte, au moins
approximativement, du degré de chaleur nécessaire pour
fondre les silicates. Il opéra en effet tantôt dans un fourneau à vent donnant environ 150^{pyr} de chaleur en deux
heures, tantôt dans les fours de la manufacture de Sèvres,
dont il évaluait la température à 140^{pyr}, et enfin dans un
fourneau de calcination où la chaleur ne dépassait pas 50 à
60^{pyr}. Berthier ne dressa point de Tables, mais ses expériences le conduisirent à formuler les conclusions suivantes
(*loc. cit.*, t. I, p. 392) :

1° Parmi les alcalis, les terres alcalines et les terres, la
propriété fondante à l'égard de la silice croît et décroît
comme la force chimique de la base. La solubilité dans l'eau

suit le même ordre. Les plus fusibles des composés que
la silice peut former avec la chaux et l'alumine (*loc. cit.*,
p. 3gg-4oo), sont ceux qui sont compris entre ($\dot{C}a\ddot{A}l$) $\dot{S}i$ et
($\dot{C}a,\ddot{A}l$)$\ddot{S}i$ $\frac{1}{2}$, et ils sont d'autant plus fusibles qu'ils se
rapprochent davantage d'avoir pour base $\dot{C}a^2\ddot{A}l$; ils fon-
dent assez bien encore quand cette base est $\dot{C}a\ddot{A}l$, mais
ils deviennent beaucoup moins fusibles quand la base
est $\dot{C}a\ddot{A}l^2$. Les silicates de chaux et d'alumine peuvent
contenir un grand excès de chaux sans cesser d'être fusibles,
mais alors ils le sont d'autant moins qu'ils renferment
plus d'alumine.

La chaux, la magnésie et l'alumine (*loc. cit.*, p. 4i6),
combinées deux à deux en telles proportions que ce soit, ne
peuvent former aucune combinaison fusible ni même
ramollissable. Le plus souvent, le mélange reste pulvéru-
lent. Mais ces trois terres ensemble produisent des composés
qui, la plupart, se ramollissent à une haute température et
dont quelques-uns sont fusibles en verre transparent. On
doit qualifier ces composés d'aluminates doubles.

2° Parmi les silicates métalliques simples, la fusibilité
est d'autant plus grande que l'oxyde qu'ils contiennent est
doué d'une plus grande énergie chimique. Mais la même
relation n'a plus lieu quand on compare entre elles des
bases de familles différentes, les alcalis, les terres alcalines
et les terres, avec les oxydes métalliques.

3° La fusibilité des silicates doubles et multiples dépend
de la fusibilité des silicates élémentaires qui les composent;
il paraît même que la fusibilité des silicates multiples est
plus grande que la fusibilité moyenne des silicates composants.

Plattner, dans son *Traité du chalumeau* [*Manuel d'a-
nalyse qualitative et quantitative au chalumeau* (Corn-
wall-Thoulet); Paris, Dunod, 1874], classe les silicates
en cinq catégories, savoir :

       I.   Silicates fondant facilement en une perle.
     I-II.   »   »   avec difficulté en une perle.
      II.   »   »   facilement sur les bords.
    II–III.   »   »   difficilement sur les bords.
      III.   »   infusibles.

Dans la liste des minéraux relevée dans l'Ouvrage précité, nous trouvons que la cryolite, la natrolite, le grenat almandin et l'actinote portent le signe I, ce qui fait que la première catégorie de Plattner correspond aux degrés 1, 2, 3 de Kobell; I-II correspond à 4, l'orthose a le signe II, correspondant au 5 de Kobell, enfin le signe II-III est le 6 de Kobell, tandis que III marque l'infusibilité absolue.

En 1868, M. L. Elsner publiait une série de recherches relatives à l'action exercée par la chaleur sur les minéraux et les roches. (*Erdm. Journ. prakt. Chem.,* t. IC, n° 21, p. 262-268). L'auteur pulvérisait les corps qu'il voulait étudier, les disposait dans un creuset de porcelaine qu'il recouvrait d'un têt à rôtir, et les soumettait à la chaleur d'un four à porcelaine, dont il évaluait, par la méthode des mélanges, la température à 2500° ou 3000°. Après refroidissement, il examinait les produits obtenus.

M. Elsner a expérimenté sur une quinzaine de minéraux, et il en arrive à conclure, ce qui résultait d'ailleurs des remarques de Berthier, qu'une certaine teneur en alcalis et en oxyde de fer rend les silicates facilement fusibles, tandis qu'ils deviennent réfractaires lorsqu'ils renferment une grande proportion d'alumine ; il a observé en outre qu'après fusion la densité des roches et des minéraux silicatés éprouvait une diminution. Cette dernière observation, d'ailleurs, avait déjà été faite par divers auteurs. On voit que les travaux de M. L. Elsner ont peu ajouté à la connaissance qu'on possédait des phénomènes relatifs à la fusion.

Nous arrivons enfin aux recherches de M. Szabó sur la
fusibilité de divers minéraux, mais surtout des feldspaths,
dans son grand Mémoire intitulé *Ueber eine neue Methode
die Fedspathe auch in Gesteinen zu bestimmen.*

La méthode du savant professeur de Buda-Pesth comporte une rigueur bien supérieure à celle des essais de ses
prédécesseurs. Elle consiste à placer sur la boucle d'un fil
de platine fin un fragment de minéral un peu plat, ne
dépassant pas $0^m,001$ suivant deux dimensions et n'attei-
gnant même pas ce chiffre pour la troisième. Le fragment,
qui, fondu, aura environ la grosseur d'une tête de pavot, est
alors introduit dans la flamme non éclairante d'un brûleur
de Bunsen et enfin examiné à la loupe. On commence,
dans une expérience préparatoire, par approcher seulement le minéral de la flamme sans toutefois lui laisser
atteindre le rouge, et, dans le cas où il n'éprouve aucun
changement, on le place à la base de la flamme jusqu'à ce
qu'il devienne rouge. Les corps qui sortent intacts de cet
essai subissent la seconde épreuve à $0^m,005$ au-dessus de la
base de la flamme, et, s'ils ne manifestent encore aucun
changement, on les porte dans l'espace de fusion. Le
minéral qui a résisté à ces trois essais est dit infusible et
sa fusibilité est par conséquent égale à zéro.

L'espace de fusion (*Schmelzraum*) est la portion de
la flamme qui s'étend au-dessus du tiers inférieur de la
hauteur de la flamme et occupe une hauteur de quelques millimètres. Bunsen en évaluait la température à
2300° C.

En opérant comme il vient d'être dit, on pourra dresser
une échelle de fusibilité comprenant huit termes de comparaison, dont chacun est marqué par un chiffre variant
de 0 à 7.

0. Infusibles dans tous les essais. *Quartz, spinelle*
(Ceylan), *cassitérite* (Cornouailles), *haussmannite* (Ilme-

nau), *pyrolusite* (Nassau), *manganite* (Ilefeld), beaucoup d'*anorthites*.

1 (I = 0, II = 1). — Dans l'essai I ($0^m,005$ de hauteur, durée une minute), pas de changement. Dans l'espace de fusion, arrondissement des angles et des arêtes, mais pas de trace de fusion sur les faces : *bronzite, hématite,* beaucoup d'*anorthites, augite* (Monte Rossi, Etna).

2 (I = 1, II = 2). — Dans l'essai I, on constate la fusion des angles et des arêtes, mais rien sur les faces, ou bien encore le minéral reste intact. Dans l'espace de fusion, les faces fondent, mais la forme générale du fragment ne change pas. Beaucoup de *diallages, bytownite.*

3 (I = 1-2; II = 3). — Essai I : fusion sur les angles, les arêtes et les faces. Dans l'espace de fusion, changement de forme, mais pas de formation de perle. *Adulaire* (Saint-Gothard), *labrador, magnétite.*

4 (I = 2-3, II = 4). — L'essai I produit déjà un changement de forme, mais en outre il y a fusion en perle dans l'espace de fusion. Beaucoup d'*hypersthènes, amphibole, augite.*

5 (I = 4). — Dans l'essai I, fusion en une perle ; l'essai II est donc supprimé. *Pétalite,* beaucoup d'*albites, grenat* (des trachytes de Visegrad).

6. Les minéraux se réduisent en perle à la base de la flamme et même avant d'atteindre le rouge, ou bien encore, dans l'essai I, ils fondent en une perle au bout d'une demi-minute. *Borax, cryolite.*

7. Ces corps se fondent en une perle sans même qu'il soit besoin de les placer dans la flamme et rien qu'en les approchant de la base de celle-ci, avant d'atteindre le rouge. *Antimonite, ozokérite, soufre.*

La comparaison des minéraux figurant en même temps dans deux ou trois des échelles de Szabó, Kobell et Plattner, et un certain nombre d'essais comparatifs

directs, permettent d'établir entre ces échelles la concordance suivante :

Szabó.	Kobell.	Plattner.
7	1	
6	2	I
5	3	
4	4	I-II
3	5	II
2		
1	6	II-III
0	infusibles.	III

L'échelle de Szabó, malgré sa précision apparente, est
donc à peu près identique à celle de Kobell ; toutes deux
présentent un caractère d'incertitude très considérable.
Seulement, tandis que Kobell est conduit à cette incertitude
par l'imperfection de sa méthode, Szabó arrive à la même
conséquence par suite de l'impossibilité qu'il constate
d'opérer sur des matières pures. Il est bon de laisser l'auteur lui-même énoncer la conclusion de ses recherches
(*loc. cit.*, p. 21) :

« On remarquera que souvent une seule et même
espèce, d'après les circonstances spéciales dans lesquelles elle se trouve, possède des fusibilités très différentes. Les minéraux de composition simple, les com-
binaisons binaires où l'isomorphisme ne joue pas le
rôle d'agent perturbateur montrent toujours la même
fusibilité ; mais les minéraux de composition complexe,
et principalement ceux où se fait sentir l'isomorphisme,
offrent des fusibilités variables. Le quartz, l'anorthite
pure sont toujours infusibles ; la barytine, le spath
fluor et d'autres corps composés analogues ont une
fusibilité constante. Au contraire, l'amphibole, l'augite, la biotite et les feldspaths sont tellement variables,
que, parmi eux, certains échantillons sont infusibles

tandis que d'autres ont les fusibilités 1, 2, 3, 4 et
même 5. L'amphibole riche en magnésie de l'Etna ne
fond pas, alors que les variétés plus pauvres en magnésie
fondent d'autant plus aisément que leur proportion de
magnésie diminue. Pour les feldspaths, la fusibilité augmente en raison directe de la proportion de soude qu'ils
contiennent. »

Il m'a semblé qu'il y aurait avantage à prendre comme
termes de comparaison, dans une échelle de fusibilité, non
plus des minéraux, mais des métaux. La facilité avec
laquelle on obtient les métaux à l'état de pureté me
faisait espérer de trouver en eux des types parfaitement
fixes, tandis que, d'autre part, leur emploi industriel don-
nait lieu de croire qu'un jour on pourrait arriver à déterminer la température exacte de leur fusion en fonction de
l'échelle thermométrique.

Pour mes expériences de fusion, je me suis servi de
creusets en terre de pipe du genre de ceux en usage dans
les analyses quantitatives au chalumeau. Ils ont une
forme conique ; leur ouverture a 15^{mm} de diamètre et
leur profondeur est aussi de 15^{mm}. Dans un de ces creusets et à moitié environ de sa hauteur, je plaçais une rondelle en charbon de cornue percée de trois trous, en
ayant soin de déposer par-dessous quelques fragments de
charbon de bois, afin d'avoir une atmosphère bien réduc-
trice. Le métal, en feuille et découpé en triangle un peu
allongé, de $0^m,003$ de hauteur avec une base de $0^m,002$, était
introduit dans un trou de la rondelle en charbon de
cornue, tandis que les autres trous étaient occupés soit
par un métal différent, soit par un minéral en esquille
très fine. On déposait sur la rondelle quelques fragments de charbon de bois et on plaçait le tout, supporté par un triangle fait d'un gros fil de platine, dans
l'intérieur d'un four Forquignon-Leclerc, chauffé avec

un mélange de gaz d'éclairage et d'air atmosphérique
insufflé par une trompe. Au moyen d'une grosse loupe et en
se protégeant les yeux par des lunettes en verre enfumé,
le four étant ouvert, il était possible de suivre l'expérience
et d'examiner les résultats sans interrompre l'opération.
L'atmosphère était si peu oxydante, que les fragments de
charbon de bois placés à la surface de la rondelle étaient
très peu consumés. S'il fallait recouvrir le four afin d'obtenir une température très élevée, il suffisait de soulever
de temps en temps le couvercle pour observer l'essai, et,
dans tous les cas, les matières liquéfiées passant immédiatement à travers le trou et tombant au fond du creuset,
on était averti de l'ordre de fusibilité à l'inspection des
trous, les uns vides, les autres encore remplis de l'échantillon essayé. Après refroidissement, les résultats étaient
contrôlés par un examen soigneux avec une forte loupe
et même au microscope. Dans ces expériences, par suite
de la régularité de la flamme et de la petitesse du creuset,
la température était suffisamment fixe pour que deux fragments de même nature placés dans deux trous différents
soient toujours entrés en fusion simultanément.

La densité des minéraux avant et après fusion a été
étudiée pour la première fois par M. Ch. Sainte-Claire
Deville en 1845 (*Comptes rendus des séances de l'Académie des Sciences*, t. **XX**, p. 1453), qui a constaté la
diminution de densité qui se produit après le passage
de l'état cristallin à l'état vitreux. De Saussure, Magnus
et plus tard M. Delesse (*Bull. Soc. géol. de France*,
2ᵉ série, t. IV, p. 1380; 1847) ont publié des travaux sur les
variations de la densité avant et après fusion; mais les
expériences de ces savants ont porté sur des roches et
non sur des minéraux. Plusieurs minéralogistes se sont
livrés depuis aux mêmes études et ont obtenu des résultats analogues. Toutefois, les nombres fournis pour

la densité des verres semblent un peu faibles, ce qui est probablement dû aux bulles nombreuses et fines indiquées par le microscope et dont on n'a pas suffisamment tenu compte. Dans la pensée d'obtenir des résultats plus approchés, j'ai repris ces expériences. Pour cela, le minéral étudié était complètement fondu au four Forquignon-Leclerc, sur une feuille de platine formant nacelle ; on prenait ensuite la densité au moyen de la liqueur de biiodures sur un échantillon cristallisé et sur un fragment fondu. Ce dernier était pulvérisé d'une façon très complète, de sorte que les plus gros fragments observés ne dépassaient certainement pas $\frac{1}{5}$ de millimètre, et leur mouvement au sein de la liqueur était suivi avec une forte loupe. Lorsque le poids spécifique dépassait la densité maximum de la liqueur, on employait la méthode du flotteur en cire, avec des fragments du poids de $0^{gr},01$ à $0^{gr},02$. Le cas ne s'est d'ailleurs présenté que pour le grenat, l'actinote et le labrador noir, qui donnent lieu à des verres remarquablement compactes.

Les métaux et minéraux examinés ont offert les particularités suivantes. Nous les rangeons dans l'ordre de leur fusibilité décroissante, et pour la plupart on trouvera la densité d à l'état cristallisé, la densité d'après fusion et le rapport $\frac{d'}{d}$ qui exprime la contraction subie par le minéral au moment de sa cristallisation.

Étain. — Ce métal fond à une température évaluée à 235° d'après l'*Annuaire du Bureau des Longitudes.*

Plomb. — Fond à 335° (*Annuaire du Bureau des Longitudes*).

Natrolite. — Fond après le plomb ; sa fusibilité est le type 2 de Kobell.

Cryolite (Groënland). — Fusibilité un peu plus faible que celle de la natrolite.

Aluminium. — Fond à 600° environ, mais ne se réduit jamais en globules, par suite de la formation d'une mince couche d'alumine.

Argent pur. — Kobell lui donne la fusibilité 2,5.

Argent des monnaies. — Le métal provient d'une pièce de 0^{fr},50; il est donc à $\frac{835}{1000}$. Il fond en une perle qui offre des jeux de couleur dus à des phénomènes de liquation.

Or (des monnaies). — Métal provenant d'une pièce de 5^{fr}, et par conséquent au titre de $\frac{900}{1000}$. Se réduit en perle présentant des irisations causées par l'oxydation du cuivre à la surface de la perle.

L'or et l'argent des monnaies possèdent tous deux une grande conductibilité et, dès qu'ils ont commencé à fondre en un point, la fusion envahit immédiatement toute la masse.

Or pur. — Contrairement à ce qui se passe pour les deux alliages précédents, l'or pur, à $\frac{1000}{1000}$, même en lame très mince, est relativement long à former une perle après arrondissement des bords.

Cuivre. — Ce cuivre était un dépôt galvanoplastique; il avait été amené à l'état de perle au chalumeau, sur un charbon, et aplati ensuite au marteau, sur une petite enclume. Ce métal, contrairement à ce qui est indiqué dans plusieurs Ouvrages, et notamment dans l'*Annuaire du Bureau des Longitudes*, exige pour se fondre une température supérieure à celle de l'or. Du reste, chez les divers auteurs, les températures de fusion du cuivre et de l'or diffèrent quelquefois de 200° et d'autres fois de 10° seulement, ce qui est bien difficile à apprécier. Nos propres expériences ont été répétées et ont toujours donné les mêmes résultats.

Labrador (Ytterby). — Cet échantillon a été analysé par la méthode de Szabó; il est parfaitement blanc et, au microscope, montre un très petit nombre d'inclusions noi-

râtres. Il fond peu après le cuivre, en un verre blanc
opalin et bulleux :

$$d = 2,6061, \quad d' = 2,3621, \quad \frac{d'}{d} = 0,908.$$

Grenat almandin (*Arendal*). — Fond en un verre noi-
râtre, de texture compacte. F = 3 (K) :

$$d = 3,7840, \quad d' = 3,0515, \quad \frac{d'}{d} = 0,806.$$

Albite (*Pfitsch, Tyrol*). — Verre bulleux :

$$d = 2,5253, \quad d' = 2,2734, \quad \frac{d'}{d} = 0,901.$$

Oligoclase (*Marmagne, Saône-et-Loire*). — Verre
bulleux :

$$d = 2,6141, \quad d' = 2,1765, \quad \frac{d'}{d} = 0,833.$$

Actinote (*Saint-Gothard*). — Verre compacte. F=4(K):

$$d = 3,0719, \quad d' = 2,2405, \quad \frac{d'}{d} = 0,729.$$

Orthose (*Groënland*). — Cet échantillon a été examiné
par M. Des Cloizeaux, qui l'a déclaré homogène ; sa teinte
est un peu jaunâtre, mais son verre est incolore :

$$d = 2,5883, \quad d' = 2,3073, \quad \frac{d'}{d} = 0,891.$$

Microcline. — De couleur rose chair; présente une ten-
dance remarquable à éclater sous l'action de la chaleur, en
se feuilletant suivant son plan de clivage facile ; verre
incolore :

$$d = 2,5393, \quad d' = 2,3069, \quad \frac{d'}{d} = 0,908.$$

Labrador (*Labrador*). — Ce minéral est de couleur foncée et présente les reflets chatoyants caractéristiques; à la loupe, il est assez impur et son verre, très peu bulleux, est mélangé de parties blanches et de parties noires.

$$d = 2,7333, \quad d' = 2,5673, \quad \frac{d'}{d} = 0,939.$$

Adulaire (*Saint-Gothard*). — Fond en un verre très bulleux. F = 5 (K):

$$d = 2,5522, \quad d' = 2,3551, \quad \frac{d'}{d} = 0,923.$$

Acier. — Nous avons employé un fil d'acier aplati sur l'enclume. Nous avions espéré constater une différence dans la fusibilité de divers aciers de compositions différentes et connues, dont nous sommes redevables à l'obligeance de M. Deshayes, ingénieur à Terre-Noire. Malheureusement, en dépit de toutes les précautions, il se fait une oxydation qui empêche de s'assurer du moment précis où commence la fusion; il nous a donc été impossible de voir l'influence de la composition chimique sur la fusibilité.

Nickel.

Cobalt. — En feuilles extrêmement minces qui, lorsqu'on élevait suffisamment la température, fondaient en une perle.

Bronzite (*Styrie*). — Ce minéral n'avait éprouvé aucune modification alors qu'un fragment de cobalt, soumis aux mêmes influences, avait fondu en une perle. F = 6 (K).

Nous donnons ici un Tableau de la fusibilité de quelques minéraux les plus communs dans les roches. Les notations sont celles de Kobell, jusqu'à présent les plus usitées dans les Traités de Minéralogie. La notation 7 marque l'infusibilité.

Tableau de la fusibilité des divers minéraux.

1. Jamesonite.
2. Natrolite.
2. Pyrite de fer et pyrrhotite.
2. Tourmaline.
2. Cryolite.
2-2,3. Mica (à base de lithine).
25. Wolfram.
2,7-3. Spath fluor.
3. *Grenat.*
3. Néphéline.
3. Humboldtilite.
3. Labrador.
3. Sphène.
3-3,5. Hornblende.
3,5. Oligoclase.
3,5-4. Augite.
3-4,5. Trémolite.
4. *Actinote.*
4. Albite.
4. Péricline.
4,5. Wollastonite.
4,5. Haüyne.
4,5-5. Apatite.
5. *Adulaire.*
5,5. Hypersthène.
5,6-5. Hématite et limonite.
5,7. Phlogopite.
5,8-6. Magnétite.
6. *Bronzite.*
6. Serpentine.
6. Talc.
6,5. Rutile.
6,5. Corindon.
6,5. Chromite.
7. *Quartz.*
7. Leucite.
7. Péridot.
7. Zircon.
7. Willémite.
7. Enstatite.
7. Spinelle.
7. Pléonaste.
7. Staurotide.
7. Béryl.
7. Anorthite pure.

Le Tableau suivant résume nos observations sur la densité des minéraux avant et après fusion; nous y avons joint quelques déterminations dues à M. Ch. Sainte-Claire Deville (*Comptes rendus des séances de l'Académie des Sciences,* t. XL, p. 769; 1855).

Observations de M. J. Thoulet.

Minéraux.	d crist.	d' fondu.	$\dfrac{d'}{d}$.	$t.$
Labrador (Ytterby)	2,6061	2,3621	0,908	12
Grenat (Arendal)	3,7840	3,0515	0,806	15
Albite (Pfitsch)	2,5253	2,2754	0,901	12

Minéraux.	d crist.	d fondu	$\frac{d'}{d}$.	t.
Oligoclase..............	2,6141	2,1765	0,833	11
Actinote...............	3,0719	2,2405	0,729	12
Orthose (Groënland). ..	2,5883	2,3073	0,891	12
Microcline	2,5393	2,3069	0,908	11
Labrador (Labrador) ...	2,7333	2,5673	0,939	12
Adulaire (Saint-Gothard)	2,5522	2,3551	0,928	11

Observations de M. Ch. Sainte-Claire Deville.

Minéraux.	d crist.	d fondu.	$\frac{d'}{d}$.	t.
Labrador (Labrador) ...	2,6894	2,5255	0,939	»
Orthose (Saint-Gothard).	2,5610	2,3512	0,918	»
Amphibole (Oran)......	3,2159	2,8256	0,879	»
Pyroxène (Guadeloupe).	3,2667	2,8035	0,858	»
Péridot (Fogo)..... ...	3,3813	2,8571	0,845	»
Quartz	2,6560	2,2200	0,836	»

Les conclusions du présent travail sont les suivantes :

1° La fusibilité des métaux porterait la notation suivante dans le système de Kobell : argent = 2,5 ; or = 2,8 ; cuivre = 3 ; acier = 5,2 ; nickel = 5,5 ; cobalt = 5,8.

2° La plupart des silicates les plus fréquents dans les roches fondent à des intervalles assez peu éloignés les uns des autres ; la température varie entre celles de la fusion du cuivre et de l'acier.

3° Le rapport entre les densités des silicates examinés sous forme de verres et de cristaux est à peu près constant et égal à 0,9 ; la dilatation après fusion est donc d'un dixième environ du volume primitif.

4° La concordance entre les cotes de fusibilité données par divers auteurs est en apparence assez grande, mais, si pour un certain nombre de minéraux de composition simple elle est réelle, pour beaucoup d'autres elle n'est certainement qu'apparente et provient de l'imperfection des

moyens destinés à constater le degré relatif exact de fusibilité et de l'emploi de fragments trop gros pour avoir une
composition uniforme. Le mélange de minéraux divers
produit des liquations qui viennent apporter un trouble
notable et non encore évalué dans le phénomène de la
fusion.

2. *Attraction par un aimant des minéraux microscopiques.* — On peut vérifier les propriétés magnétiques sur
des minéraux en fragments très petits et sous le microscope.
Pour cela, on dépose la poudre minérale bien éparpillée
sur une de ces lamelles de verre dont on se sert pour
recouvrir les préparations. Dans certains cas, on emploie
une mince pellicule obtenue en faisant éclater brusquement
une boule de verre fondue au bout d'un tube. On place le
tout sous le microscope et l'on approche par-dessous un
barreau aimanté, qui se trouve ainsi presque en contact.
On voit alors s'agiter les parcelles attirables, tandis que les
autres restent immobiles. On se sert encore d'une forte
aiguille à coudre aimantée, dont on approche directement
la pointe des poussières déposées sur un verre objectif.

Ce procédé rend d'utiles services pour faire reconnaître
la présence du fer oxydulé dans un certain nombre de
roches ou de minéraux qui, en échantillons un peu gros,
sont regardés comme présentant des propriétés magnétiques.
Ces minéraux, examinés au microscope, montrent toujours
des portions opaques et, si l'on en approche un aimant, les
parcelles ou entièrement opaques ou présentant une forte
proportion de matière opaque sont seules attirées. Il semble donc probable que le développement des propriétés
magnétiques sous l'action d'un barreau aimanté ordinaire
appartienne au fer oxydulé mélangé. J'ai appliqué cette
méthode au fer chromé de diverses provenances, et dont
je possédais des coupes microscopiques. Chaque fois qu'un
grossissement suffisant montrait des parties opaques, il ne
manquait pas de se produire une attraction sur le minéral

réduit en poussière très fine ; les grains translucides restaient inertes. Quand les grains sont un peu gros, sans même cesser d'être microscopiques, la proportion relative de matière attirable est souvent trop faible pour permettre au grain tout entier de remuer sous l'influence de l'aimant ; il en résulte la nécessité d'opérer sur des poussières fines.

V.

MICROSCOPE A DISTANCE.

Jusqu'à présent, dans l'application du microscope à la Minéralogie, on s'est borné à observer les roches ou les minéraux réduits en lames minces sans se livrer sur ceux-ci à des expériences physiques ou chimiques pendant qu'ils étaient en observation. Dans certains cas, comme par exemple pour constater si une inclusion à bulle est solide ou liquide, on la chauffe en approchant doucement un bouchon de verre chaud attaché au bout d'un fil de fer ; mais cette expérience doit être faite très rapidement, dans la crainte de fondre le baume collant les lentilles de l'objectif. On ne peut exécuter d'attaque aux acides sans risquer de détériorer le métal de l'instrument. Le microscope renversé n'est pas d'un usage commode ; d'ailleurs, il ne s'applique qu'à des observations par transparence et vues en dessous et ne peut servir lorsqu'il s'agit de corps opaques. Pour cette raison, j'ai imaginé de modifier le microscope ordinaire employé en Minéralogie pour le rendre capable d'observer à distance.

L'appareil est composé de pièces isolées, afin de rendre son installation commode dans toutes les circonstances. Ces pièces sont les suivantes :

1° Une plaque porte-objet, percée d'une ouverture circulaire, au-dessous de laquelle peut s'adapter un nicol polariseur et qui est éclairée par un réflecteur. Le système, porté par trois colonnes, est élevé de $0^m, 13$ à $0^m, 14$;

2° Un prisme à réflexion totale, susceptible d'être orienté à volonté au moyen de son support;

3° Un second prisme à réflexion totale vissé sur un objectif n° 0 (Nachet) renversé. Ce système s'introduit sous un microscope quelconque dans la position qu'occupe habituellement le nicol polariseur pour les observations en lumière polarisée.

Pour attaquer un minéral ou une plaque par les acides et exécuter diverses autres expériences, on emploie une cloche en verre, haute de $0^m, 04$ environ, ouverte à sa partie supérieure, qui est rétrécie et percée de trois trous munis de bouchons en caoutchouc ; deux d'entre eux donnent passage à des tubes abducteurs, le troisième porte un thermomètre. La cloche est recouverte d'abord d'une plaque de verre dont les bords sont rodés et qui est percée d'un petit trou en face duquel on amène tel point particulier de la préparation microscopique à étudier, puis d'une seconde plaque de verre formant couvercle. La base inférieure de la cloche repose sur une plaque de verre rodée. On a ainsi une enceinte fermée de toutes parts et dont la lamelle minérale constitue une portion de paroi. Dans d'autres cas, on dépose la plaque tout entière sur un petit support en platine dans l'intérieur de la cloche, celle-ci étant recouverte par un simple plan de verre non percé. Tout ce laboratoire, parfaitement transparent et isolé de l'air extérieur, se place sur le support précédemment décrit ; on y fait parvenir des vapeurs acides en versant quelques gouttes d'acide dans une petite capsule mise dans son intérieur ; pour dessécher, on envoie un courant d'air sec par les tubes latéraux; enfin, pour chauffer, on dépose le tout sur un réservoir métallique contenant de l'eau chaude et muni, sur les deux parois inférieure et supérieure, de deux lames de verre pour laisser passage à la lumière. Un appareil du' même genre, badigeonné

de baume de Canada, sert pour les attaques à l'acide fluorhydrique gazeux.

L'image de la préparation, réfléchie dans le premier
prisme, est renvoyée au second prisme ; les rayons traversant l'objectif inférieur vont se réunir en un foyer situé
au-dessous de l'objectif supérieur, et c'est précisément
cette image qu'on examine au microscope, qui d'ailleurs
n'a lui-même subi aucune modification. On peut donc
opérer à volonté en lumière naturelle ou en lumière polarisée. On a avantage à employer les objectifs n°s 1 et 2
(Nachet). Quand la préparation est éloignée, le grossissement étant fort, il y a, il est vrai, une perte assez notable
de lumière, mais on obvie à cet inconvénient en éclairant
plus vivement au moyen de lentilles ou de réflecteurs convenablement disposés, ce qui ne présente aucune difficulté,
puisqu'on dispose de toute la place nécessaire. On peut
mettre au point et examiner telle portion qu'on voudra de
la préparation sans remuer cette préparation, mais
simplement au moyen des deux vis rectangulaires dont
est munie la platine tournante de tous les microscopes de
Minéralogie.

APPLICATION.

Un fer chromé de Négrepont nous servira d'exemple
pour montrer l'application des méthodes décrites précédemment.

Examen macroscopique. — A l'œil nu ou à la loupe,
ce minerai offre l'aspect d'un mélange d'une substance
noire à éclat gras, aisément reconnaissable pour du fer
chromé, d'une matière pierreuse rougeâtre, de teinte ferrugineuse, paraissant être le résultat de l'altération d'une
autre matière plus blanche et de nature également pierreuse, et enfin d'une sorte de pâte noire et sans éclat. Sa
densité à 11° est de 3,644, valeur inférieure à celle du fer
chromé le plus pur, celui de Baltimore, par exemple, dont

la densité, prise sur un cristal très net, pesant o^{gr},o1o5, a été trouvée égale à 4,586. Il raye le verre.

Examen microscopique. — Réduite en lame mince et examinée au microscope, la roche se divise en deux parties distinctes, la gangue et le minerai.

La gangue est constituée par des grains cristallins de calcite à belles couleurs de polarisation, montrant par places les clivages caractéristiques et noyés dans un magma cristallin qui est aussi du carbonate de chaux. En lumière naturelle, le fond blanc de la gangue est semé à de rares intervalles par de fines granulations de limonite.

Le minerai est translucide, d'une teinte brun rouge assez foncée et quelque peu variable dans les diverses parties du même échantillon; sa surface est fortement chagrinée. Les plages sont séparées par des fentes irrégulières remplies de calcite, et chaque fragment est coupé par des fissures sans solution de continuité, injectées d'une matière beaucoup plus foncée qui, vers la périphérie, se rattache à une sorte de bordure opaque. Cette bordure présente une largeur plus ou moins considérable et ne laisse, sur certains fragments, qu'un faible espace à peine translucide vers le centre ; souvent même, elle s'empare du fragment entier. Les fragments ont une forme grossièrement losangique, rappelant des sections d'octaèdres.

En lumière réfléchie, le fer chromé de Négrepont montre une teinte bleu violet et une surface estompée qu'on pourrait essayer de définir en la comparant à un enduit de plombagine.

Une plaque mince soumise à l'action de l'acide chlorhydrique a manifesté une vive effervescence, due à la décomposition de la calcite, et s'est divisée. Une goutte de l'acide, évaporée sous une cloche contenant du chlorure de calcium et observée au microscope, a fourni des cristaux jaune verdâtre, fortement réfringents et très déli-

quescents de chlorure de fer. Après une digestion très
prolongée dans l'acide, la partie sombre bordant les grains
s'éclaircit et les fragments laissent voir leurs fentes les
plus fines dépouillées de matière ferrugineuse. Quelques
parcelles d'un silicate polarisant vivement, noyées dans
de la silice gélatineuse, adhèrent par places aux fragments
de fer chromé.

Le minerai a été pulvérisé et passé au tamis de soie
(mailles de $0^{mm},2$), et l'on a essayé un triage à l'électro-
aimant au moyen de 3 éléments Bunsen, selon la
méthode de M. Fouqué : tout a été attiré, sauf un résidu
blanc. Un barreau aimanté a opéré le même triage, quoique
avec beaucoup plus de lenteur. Le résidu se composait de
grains de calcite, parfois un peu ocreux, et de péridot ;
attaqué par l'acide acétique faible, lavé et examiné au
microscope, on constatait la disparition de la calcite ; le
nouveau résidu, composé de péridot seul, attaqué par
l'acide chlorhydrique, se décomposait et laissait de la
silice gélatineuse.

Les grains colorés enlevés par l'électro-aimant ont été
pulvérisés aussi finement que possible et soumis, sous le
microscope, au barreau aimanté agissant à travers une
pellicule de verre soufflé. La plupart de ces grains étaient
ou bien entièrement opaques ou bien opaques dans quelques-unes de leurs parties ; un petit nombre étaient translucides ; ceux de la première catégorie étaient tous plus ou
moins attirés par l'aimant : les autres sont demeurés
absolument inactifs.

Préparation de la prise d'essai. — Le minerai a été
pulvérisé et passé au tamis de soie ; il a été alors traité
par l'acide acétique étendu qui a produit une vive effervescence, soumis à l'appareil de triage par l'eau, afin
de faire disparaître les boues résultant de l'attaque du
calcaire, et enfin à l'appareil de triage par la liqueur
d'iodures, pour enlever le péridot. Comme l'examen

microscopique montrait encore quelques parcelles de
silicate adhérentes au fer chromé, on a d'abord lavé pendant quelques instants avec de l'acide chlorhydrique, et la
poudre, bouillie dans l'eau et desséchée, a été frottée entre
deux feuilles de papier, ce qui a éliminé la fine poussière
de silice gélatineuse. Après ces diverses préparations, le
minéral, examiné au microscope, ne présentait plus la
moindre trace de matière blanche et offrait l'aspect de
grains colorés, les uns opaques, d'autres translucides,
d'autres mélangés de parties opaques et de parties plus
ou moins translucides. Un lavage à l'alcool a définitive-
ment terminé la préparation.

Analyse. — 1^{gr} de minerai a été placé dans une nacelle
en platine, déposée elle-même dans un tube en platine,
et l'on a chauffé dans un courant lent d'hydrogène sec.
Après deux heures, la perte de poids, devenue invariable,
a été de 0^{gr},033 ; elle correspond à l'*oxygène*.

0^{gr},5 de minerai porphyrisé a été fondu dans un
creuset de platine avec du bisulfate de potasse à une
chaleur ménagée, puis au chalumeau Schlœsing ; après
une heure d'attaque on a diminué l'action de la chaleur, et,
à la température du rouge, on a ajouté par petites portions et pendant une heure un mélange à parties égales
de carbonate de soude et d'azotate de potasse. La matière,
refroidie, a été traitée par l'eau bouillante qui a dissous
le chrome à l'état de chromate alcalin, ainsi que de la silice,
et le résidu a été mis en digestion à une douce chaleur
avec de l'acide chlorhydrique. Ce qui a été inattaqué a été
soumis à une nouvelle attaque au bisulfate.

1° La portion soluble dans l'eau a été évaporée à siccité
avec un excès d'azotate d'ammoniaque ; on a repris par l'eau,
et la *silice* non dissoute a été calcinée et pesée. Après
filtration, on a ajouté un excès d'acide sulfureux pour
réduire l'acide chromique en sesquioxyde de chrome,
chauffé à l'ébullition, ajouté un léger excès d'ammoniaque,

fait bouillir quelques minutes et lavé l'hydrate d'oxyde de
chrome par décantations répétées jusqu'à ce qu'il n'y ait
plus eu de réaction d'acide sulfurique. Le précipité, desséc-
ché, a été chauffé au rouge, et, comme il contient toujours
un peu de chromate alcalin, on l'a fait encore bouillir avec
un peu d'eau ; on a ajouté quelques gouttes d'acide sulfureux, puis de l'ammoniaque, puis on a filtré de nouveau.
Une calcination et une pesée ont donné le poids de l'*oxyde
de chrome* pur (méthode de T.-S. Hunt et de F.-A. Genth,
dans Fresenius, *Anal. quant.*, p. 773).

2° La solution chlorhydrique contient le fer, l'alumine,
la chaux et la magnésie. Traitée par l'ammoniaque, elle a
fourni un précipité de *fer* et d'*alumine*, et ces deux corps,
après calcination, ont été séparés par un courant d'hydrogène sec suivi d'un courant d'acide chlorhydrique gazeux,
d'après la méthode de M. Deville. La liqueur, filtrée, a
donné la *chaux* par l'oxalate d'ammoniaque, puis la *magnésie* par le phosphate de soude.

Deux analyses exécutées simultanément ont donné les
valeurs suivantes :

			Moyenne.
Cr	56,18	56,40	56,29
Al	7,35	7,27	7,31
Fe	25,15	24,89	25,02
Ca.	0,10	0,36	0,23
Mg.	11,62	11,94	11,78
Si.	0,37	0,47	0,42
	100,77	101,33	101,05

Nous baserons nos calculs sur la moyenne, que nous
regarderons comme représentant l'analyse définitive.

Supprimons d'abord la chaux et la silice, qui, vu leur
petite quantité, proviennent certainement d'un reste de

calcite et de péridot non éliminé ; il viendra, en réduisant à 100 :

$$\ddot{G}r\dots\dots\dots\dots\quad 56,07$$
$$\ddot{A}l\dots\dots\dots\dots\quad 7,28$$
$$\ddot{F}e\dots\dots\dots\dots\quad 24,92$$
$$\dot{M}g\dots\dots\dots\dots\quad 11,73$$
$$\overline{}$$
$$100,00$$

100 de minerai traités par l'hydrogène ont perdu 3,3 d'oxygène, correspondant à 11,96 de $\dot{F}e\ \ddot{F}e$ et à 8,66 de fer.

D'autre part, 25,02 de $\ddot{F}e$ trouvés par l'analyse renferment 17,51 de fer pur ; retranchons 8,66 de 17,51, il reste 8,85 de fer, lesquels correspondent à 11,38 de $\ddot{F}e$.

On pourra donc écrire l'analyse :

$$\ddot{G}r\dots\dots\quad 56,07$$
$$\ddot{A}l\dots\dots\quad 7,28$$
$$\ddot{F}e\dots\dots\quad 11,38 \Big\} \ 86,46$$
$$\dot{M}g\dots\dots\quad 11,73$$
$$\dot{F}e\ \ddot{F}e\dots\quad 11,96$$

Cet oxyde magnétique pourra être considéré comme de la magnétite mécaniquement mélangée et qui montre sa présence soit par l'opacité qu'elle communique aux grains de minerai dans certaines de leurs parties, soit par les propriétés magnétiques qui, ainsi que nous l'avons déjà remarqué, font totalement défaut dans les grains tout à fait translucides.

Réduisons à 100, et prenons les proportions d'oxygène contenues d'une part dans les sesquioxydes et de l'autre dans les monoxydes.

		O.	
Ċr	64,85	20,03	23,95
Äl	8,42	3,92	
Fe	13,16	2,92	8,21
Mg	13,57	5,29	
	100,00		

Le rapport $\frac{821}{2395} = \frac{100}{292}$ et est par conséquent bien voisin du rapport $\frac{1}{3}$, qui, dans la famille des spinelles, à laquelle appartient le fer chromé, caractérise les quantités relatives d'oxygène dans les sesquioxydes et les monoxydes.

Ce résultat montre combien l'emploi des méthodes de triage et de purification combinées à l'examen microscopique peut rendre de services à la Minéralogie chimique, en permettant d'arriver à la connaissance de la composition exacte et typique d'un minéral en apparence très impur.

Vu et approuvé :

Paris, le 21 avril 1880.

Le Doyen de la Faculté des Sciences,
MILNE EDWARDS.

Vu et permis d'imprimer :

Le 23 avril 1880.

Le Vice-Recteur de l'Académie de Paris,
GRÉARD.

SECONDE THÈSE.

PROPOSITIONS DONNÉES PAR LA FACULTÉ.

1º Polarisation rotatoire.
2º Mesure des températures.

Vu et approuvé :

Le 21 avril 1880.

Le Doyen de la Faculté des Sciences,
MILNE EDWARDS.

Vu et permis d'imprimer :

Le 23 avril 1880.

Le Vice-Recteur de l'Académie de Paris,
GRÉARD.

PARIS. — IMPRIMERIE DE GAUTHIER-VILLARS,
6144   Quai des Augustins, 55.

PARIS. — IMPRIMERIE DE GAUTHIER-VILLARS,

Quai des Augustins, 55.

www.ingramcontent.com/pod-product-compliance
Lightning Source LLC
LaVergne TN
LVHW010402060726
842526LV00005B/1467